MACHINES

EMPLOYÉES EN AGRICULTURE

POUR

L'ÉLÉVATION DES EAUX

PAR

MAXIMILIEN RINGELMANN

[illegible]cteur de la Station d'Essais de Machines Agricoles

Professeur à l'École Nationale de Grignon

OUVRAGE CONTENANT 180 FIGURES

PARIS

[illegible] INDUSTRIE LAITIÈRE, [illegible] RUE JEAN-JACQUES-[illegible]

[illegible]

MACHINES

EMPLOYÉES EN AGRICULTURE

POUR

L'ÉLÉVATION DES EAUX

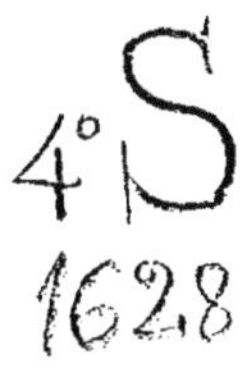

CAEN. — IMPRIMERIE E. ADELINE, RUE FROIDE, 16

MACHINES

EMPLOYÉES EN AGRICULTURE

POUR

L'ÉLÉVATION DES EAUX

PAR

MAXIMILIEN RINGELMANN

Directeur de la Station d'Essais d Machines Agricoles

Professeur à l'École Nationale de Grignon

OUVRAGE CONTENANT **150** FIGURES

PARIS

BUREAUX DE L'*INDUSTRIE LAITIÈRE*, 33, RUE JEAN-JACQUES-ROUSSEAU

1889

MACHINES

EMPLOYÉES EN AGRICULTURE

POUR

L'ÉLÉVATION DES EAUX

AVANT-PROPOS

Les sciences biologiques nous apprennent que l'eau est de toutes les substances celle qui est la plus indispensable à la vie des êtres organisés. Pour les plantes, les différents éléments qui concourent à leur alimentation doivent passer à l'état de dissolution afin d'être absorbés par les racines; on peut donc considérer la terre comme une sorte de réservoir contenant, maintenus dans un certain degré d'humidité, les engrais nécessaires à la vie des végétaux.

Insister longuement sur la nécessité de l'eau pour la vie des hommes et des animaux serait inutile; elle est absolument indispensable pour eux. Cela est si vrai que les populations ne se sont établies que dans les localités où elles ont pu se procurer avec facilité l'eau nécessaire à leurs besoins; au contraire les peuples sont restés nomades dans les pays où les eaux ne se rencontrent que d'une façon temporaire; enfin là où elle manque totalement, s'étendent les sables arides et inhabités des *déserts*.

Ce fait, de la répartition des populations en groupes plus ou moins rapprochés, a fait souvent commettre des erreurs : on attribuait un caractère sociable aux habitants d'une contrée lorsque les hameaux, les villages étaient très proches les uns des autres, et on leur accordait un caractère contraire lorsque les agglomérations ne se rencontraient qu'à de grands intervalles.

Il faut attribuer cette répartition à la présence plus ou moins fréquente des sources, des ruisseaux, etc., et l'on voit cela très nettement si l'on suit sur la même carte, à la fois le groupement de la population et le régime hydrologique de la contrée.

On peut citer de nombreux exemples en France, mais le plus saisissant est celui de cette partie de la Champagne désignée sous le nom si caractéristique de *Champagne pouilleuse*. Cette région est constituée par de grands plateaux de craie qui reposent sur une couche de craie marneuse, placée au-dessus des grès verts; la craie marneuse affleure dans les vallées. L'eau météorique traverse la couche de craie et est retenue par la craie marneuse, de sorte qu'il règne une certaine humidité dans la vallée et les sources sont à grand débit presque régulier. Dans les vallées, sur les bords des cours d'eau, les villages se rapprochent, tandis qu'il n'y en a que de loin en loin sur les plateaux calcaires ; là les rares fermes, très éloignées les unes des autres, ont des puits qui leur fournissent l'eau nécessaire ; ces puits sont creusés à de grandes profondeurs, jusqu'à la rencontre de la nappe souterraine qui se trouve dans la craie marneuse, et de puissantes pompes à manèges sont chargées d'élever l'eau dans des réservoirs. Dans la Champagne comme dans certaines parties de la Normandie, l'eau étant peu abondante, les différents bâtiments d'une ferme et les maisons des villages sont à de grands intervalles afin d'éviter la propagation des incendies.

C'est dans les pays chauds, où il pleut rarement en été, que l'on doit chercher l'origine des travaux entrepris par les hommes pour se procurer les eaux nécessaires à leur alimentation, à leur bétail et surtout aux arrosages de leurs cultures. C'est probablement de ces pays, berceaux de notre civilisation, qu'a été importé ce proverbe qui court les champs de nos provinces méridionales :

Avec de l'eau et du soleil, on ferait pousser du blé sur une pierre.

Les terres de l'Orient se trouvaient dans une situation favorable à un point de vue : elles avaient du soleil ; il ne leur manquait que de l'eau. Aussi dès les temps les plus reculés, les Egyptiens, les Perses, les Chinois, et plus tard les Grecs, les Romains et les Maures, établirent à grands frais d'importantes constructions en vue de se procurer les eaux nécessaires à leurs différents usages.

On employait le plus souvent les eaux des fleuves et des rivières que l'on dérivait dans des canaux et que l'on conduisait par d'importants aqueducs à de grands réservoirs ou citernes d'où partaient les conduits de distribution.

Les recherches des archéologues nous révèlent, à chacune de leurs étapes, les vestiges de ces installations.

Mais aussi, dans beaucoup de circonstances dues à la forme topographique de la contrée, les hommes étaient obligés d'élever les eaux par des moyens mécaniques. Ainsi, en passant, rappelons que les jardins suspendus de Babylone, connus sous le nom de jardins de Sémiramis, étaient arrosés par de l'eau élevé à l'aide de machines.

A ce sujet, le plus explicite des auteurs anciens est Diodore de Sicile (1), historien grec du siècle d'Auguste (62 av. J.-C.. — 14 ap. J.-C.) : « Il y avait, dit-il, près de l'Arcropole, le jardin dit suspendu, qui n'était pas l'œuvre de Sémiramis, mais celle d'un roi syrien postérieur, qui le fit construire pour complaire à sa maîtresse. Celle-ci étant, à ce qu'on dit, Perse d'origine, demanda, dans son désir de voir des prairies accidentées, que le roi imitât par une plantation artificielle le caractère spécial du pays de la Perside. »

Le jardin était formé d'une série d'étages superposés, maintenus par des arcades et des piliers.... « Les étages étaient recouverts, sur les blocs de pierres, d'un parquetage de roseaux mêlés de beaucoup d'asphalte, ensuite une double couche de briques reliées avec

(1) Diodore de Sicile emprunta lui-même cette description des jardins de Sémiramis à des auteurs plus anciens.

du plâtre. Cette troisième structure était garantie par une couverture de plomb afin que l'humidité de la terre apportée ne pénétrât pas dans les profondeurs. Sur cette base on avait accumulé une masse de terre suffisante pour contenir les racines des plus grands arbres... »

« ..... Au niveau de l'étage le plus élevé, il y avait un édifice ayant des tranchées perpendiculaires (1) et des machines pour porter l'eau à la hauteur ; on tirait par ces moyens une quantité d'eau du fleuve (2), sans que personne au dehors pût s'en apercevoir... » (3).

Les anciens avaient imaginé des machines simples dont la plupart, économiques comme construction, se sont perpétuées et sont encore employées de nos jours dans beaucoup de localités en raison de leur grand effet utile.

L'examen de ces machines simples ne présentant qu'un faible intérêt pour le plus grand nombre des lecteurs, nous passerons immédiatement à l'étude des machines actuelles construites en grand nombre pour l'élévation des eaux, et dans le cadre que nous nous assignons, nous ne nous occuperons exclusivement que de celles en usage dans les exploitations agricoles.

Le choix d'une pompe doit surtout être basé sur la quantité d'eau qu'elle doit élever par jour.

La quantité d'eau nécessaire varie dans d'assez grandes limites. Dans les villes, on admet généralement qu'il faut pour tous les besoins (alimentation, lavages, entretien des rues, arrosements, jets d'eaux, etc., etc.) environ 100 litres par habitant et par jour. Néanmoins dans certaines villes ce chiffre est dépassé. Le tableau suivant donne des renseignements à ce sujet:

TABLEAU DES QUANTITÉS D'EAU JOURNALIÈRES DISPONIBLES PAR HABITANT DANS CERTAINES VILLES

VILLES	LITRES D'EAU PAR JOUR
Toulouse	75
Nantes	80
Bruxelles	80
Marseille	85
Lyon	100
Hambourg	125
Londres	136
Saint-Etienne	170
Bordeaux	170
Paris	200
Glascow	560

(1) C'est-à-dire verticales.
(2) L'Euphrate.
(3) D'après Georges Hanno : Les villes retrouvées (Bibliothèque des Merveilles). — Hachette.

Pour les exploitations agricoles, les chiffres sont beaucoup plus faibles ; ainsi l'on compte par jour :

20 à 40	litres d'eau	par personne pour l'alimentation et les soins de propreté.
30 à 50	—	par cheval.
20	—	par bœuf.
2.5	—	par mouton.
20	—	par porc.
40	—	pour lavage d'une voiture à deux roues.
70	—	pour lavage d'une voiture à quatre roues.
300	—	pour un bain.

Le calcul du cube total nécessaire par jour peut donc facilement s'obtenir à l'aide des données précédentes ; au chiffre ainsi obtenu, il convient d'ajouter un tiers en plus nécessité pour les lavages intérieurs, le blanchissage du linge, les arrosements., etc., etc.

Pour les cultures, le chiffre est très variable suivant que l'eau est appelée à apporter des matières fertilisantes ou simplement de la fraîcheur à la terre ;en moyenne on compte qu'il faut pour un bon arrosage une quantité d'eau annuelle qui, répartie uniformément et continuellement représenterait 1 litre par seconde et par hectare ; dans les pays chauds ce débit peut s'abaisser jusqu'à 1/3 à 1/6 de litre par seconde pour la même surface.

Les machines élévatoires, d'une application courante, peuvent se classer en quatre catégories :

1° Les machines les plus simples qui élèvent directement les eaux comme les **Norias** et les **Pompes à chapelet** ; la *Sackieh* des égyptiens ou le seau à bascule, l'*appikote* ou l'escalier à bascule des indiens, la *guerba* algérienne (employée dans l'Inde sous le nom de *Kuppillay*), les *tympans*, les roues *hollandaises*, les *vis d'Archimède*, les *chapelets*, les *écopes*, etc., etc., qui appartiennent à cette catégorie sont d'un emploi plus restreint.

2° Les **Pompes à piston proprement dites**, parmi lesquelles il faut citer les *pompes foulantes*, les *pompes aspirantes, aspirantes et élévatoires, aspirantes et foulantes*, les *pompes rotatives*.

Certaines machines agissent par l'effet de la force centrifuge : *pompes centrifuges*.

3° Les **Machines qui exigent l'emploi de la vapeur**, soit que cette dernière agisse sur un piston : *pompes à vapeur à action directe*, soit qu'elle agisse directement sur le liquide à élever comme dans les *pulsomètres*.

4° Enfin on peut utiliser **une chute d'eau comme force motrice**, à l'aide de machines qui, formant un ensemble du moteur et de l'appareil élévatoire, permettent d'élever une certaine quantité du débit du cours d'eau. Tels sont les *béliers hydrauliques* et les *balances hydrauliques*.

Nous nous proposons d'examiner successivement chacune de ces diverses catégories de machines élévatoires, en indiquant, afin de guider le lecteur, le genre de moteur qui doit leur convenir plus spécialement : manœuvre, cheval agissant sur un manège à action directe, moteur quelconque agissant par l'intermédiaire d'une courroie, moteur à action directe, etc., etc.

Nous indiquerons également leur emploi le plus fréquent et le plus recommandable, ainsi que les principaux cas d'installation : élévation des eaux potables ou d'alimentation, soutirage des boissons, élévation des purins, arrosage des jardins, etc., etc., et dans quelques cas, les pompes à débit relativement grand employées pour la submersion des vignobles phylloxérés.

Nous donnerons le plus de *renseignements pratiques* possibles relatifs à ces pompes, leurs rendements, ainsi qne la manière de procéder pour arriver à déterminer le débit de ces machines.

Il est à remarquer que nous indiquerons toujours les débits en eau élevée à un mètre de hauteur ; un simple calcul permettant de les ramener à une hauteur d'élévation donnée. Ainsi, par exemple, si une noria mue par un cheval peut donner 130 mètres cubes par heure, élevés à un mètre de hauteur, lorsque la hauteur d'élévation sera portée à 2 mètres, la machine ne fournira que 65 mètres cubes dans le même temps ; le cheval n'élèvera que 13 mètres cubes environ à 10 mètres de hauteur, et ainsi de suite. A partir d'une certaine élévation, le débit relatif diminue dans une certaine mesure.

PREMIÈRE CATÉGORIE

MACHINES ÉLEVANT LES EAUX DIRECTEMENT

I

LES NORIAS

Les norias paraissent avoir été inventées par les Maures (1) qui les ont propagées dans toutes leurs colonies : elles ont passé de l'Egypte en Espagne où elles sont encore employées ; de là, elles se sont répandues dans toutes les contrées méridionales, notamment sur le littoral méditerranéen.

La noria primitive des Sarrasins semble avoir été constituée par une roue munie d'une chaîne semblable aux chapelets chinois ; la chaîne était garnie de paquets de paille ou d'éponges qui se chargeaient d'eau dans le bas et qui la rendaient en haut (on trouve encore de semblables machines dans certaines minières de l'Allemagne). Il paraît que cette noria s'est modifiée en Espagne.

Voici ce que dit à ce sujet Jaubert de Passa dans son *Voyage en Espagne*, tome II : « L'utile noria, que nous devons aux Maures, et qui a voyagé avec eux depuis l'Egypte, mise en mouvement par un seul cheval, fournit journellement un grand volume d'eau..... En général les norias sont adossées contre la maison du colon, la roue d'engrenage est dans l'écurie du cheval chargé de la mettre en mouvement et presque toujours un enfant suffit pour activer le pas de l'animal lorsqu'il est au travail. La culture par la noria est toujours limité ; mais elle présente tant d'économie et de résultats satisfaisants qu'on ne saurait trop l'encourager et en recommander l'emploi. Souvent moins d'un hectare de terre et une noria suffisent, dans un climat brûlant et une terre sablonneuse, pour alimenter une nombreuse famille, et constituer encore un gros revenu en faveur de son propriétaire. »

La noria consiste en un tambour horizontal placé au-dessus du puits (fig. 1) ; sur ce tambour vient s'enrouler une chaîne sans fin garnie de godets. Le tambour est généralement mis en mouvement par un manège en l'air, directement accouplé : l'animal moteur tourne autour de la noria.

Les godets qui se remplissent à la partie inférieure, sont élevés par le mouvement du tambour et se déversent à la partie supérieure, puis ils redescendent vides se remplir de nouveau.

Dans les antiques norias, les engrenages étaient en bois, les chaînes étaient remplacées par des câbles et les godets par des vases en terre cuite dont le fond, percé d'un trou, laissait échapper l'air lorsque le godet se remplissait ; ce trou occasionnait une fuite pendant la période ascendante du godet.

(1) Noria, de l'arabe *nâ'oûr*, *nâ'oûrat* qui vient du verbe *na'ar*, lancer, faire jaillir.

Voici quelques chiffres cités par M. Hervé-Mangon sur une noria rustique qu'il a eu occasion d'observer aux environs de Lorka :

Sa hauteur d'élévation est de 32 mètres 50 ; la chaîne est garnie de 90 godets en terre cuite cubant chacun 2 litres 85 ; la roue horizontale du manège a 1 m. 90 de diamètre et la roue verticale du chapelet, 2 m. 40 ; le bras de la flèche a 3 m. de longueur. — La noria actionnée par 2 mules remplit en 16 heures un réservoir de 197 mètres cubes 500 de capacité. — Le rendement utile de cette machine s'élève de 80 à 85 %.

Fig. 1. — Noria a manège. — *(Société française de matériel agricole)*

Aujourd'hui les norias sont très perfectionnées, les godets sont en métal, généralement en tôle ou en fer galvanisé ; certaines machines portent même des godets spéciaux à cloisons intérieures afin de faciliter la sortie de l'air pendant le remplissage (noria de Romas). Lorsqu'il n'y a pas cette disposition, il se produit une série de secousses qui communiquent à la chaîne un balancement (appelé *bacquetage*) d'où il résulte une perte d'eau ; cette perte est estimée en moyenne à 1/10 de la capacité de chaque godet.

La capacité des godets est généralement de 7 à 8 litres ; elle va jusqu'à 15 litres. Certaines norias mises en mouvement par un moteur à vapeur, pour les grandes installations, ont des godets cubant 40 à 50 litres.

Les norias doivent fonctionner lentement, sinon il y a balancement de la chaîne et perte d'eau : les godets ont une vitesse d'élévation verticale de $0^{m}15$ à $0^{m}30$ par seconde.

Afin de faciliter le déversement des godets, on est obligé de monter ces derniers à un niveau plus élevé que celui nécessaire ; cet excès de hauteur est d'environ $0^{m}75$.

TRAVAIL DES NORIAS

Voici quelques renseignements sur une noria mise en mouvement par un cheval (machine Abadie) : Le tambour est formé par une lanterne à six fuseaux reliant deux plateaux en fonte écartés de 0^m45. La chaîne de 13^m75 de longueur porte 28 godets en cuivre de 15 litres de capacité. La hauteur totale d'élévation est de 5^m15. Un cheval ordinaire de maraîcher attelé à la noria donne par heure un équivalent de 118 mètres cubes d'eau élevée à un mètre de hauteur.

D'après Navier, une noria à deux chevaux élève à l'heure 70 m. cubes 120, à 3^m60 de hauteur ; ce qui équivaut par cheval et par heure à 126 m. cubes, élevés à 1 mètre de hauteur. Le rendement de la noria citée par Navier est de 88 °/₀.

Le rendement mécanique des norias augmente avec la hauteur d'élévation de l'eau. Pour une élévation de 2 à 4 mètres, l'effet utile varie de 1/2 à 2/3 de la quantité d'action du moteur ; on peut considérer 2/3 comme un rapport moyen.

Les norias permettent d'élever les eaux bourbeuses, troubles, qui seraient difficilement élevées par les pompes à piston. Mais elles tendent à céder la place aux pompes à chapelet.

II

LES POMPES A CHAPELET

1. — Pompes à chapelet à bras

Ces pompes qui portent encore le nom de pompes-chaînes sont dérivées de l'ancien chapelet souvent employé dans les épuisements.

L'ancien chapelet était formé d'un tuyau vertical appelé *buse*, à section carrée ou circulaire de 0,15 environ de diamètre ; lorsqu'elle était carrée, la buse était construite en planches. Une chaîne sans fin traversait la buse et passait sur une sorte de tambour horizontal placé au-dessus ; la chaîne portait une série de palettes (de même forme que la section de la buse). Pour diminuer les pertes d'eau, les palettes en bois ont été remplacées par des rondelles en cuir graissé, serrées entre deux plaques de tôle.

Aujourd'hui les pompes à chapelet sont en général très perfectionnées : elles se composent d'un tube vertical, dont la partie inférieure est terminée en entonnoir ; à la partie supérieure se trouve un dégorgeoir. (La figure 2 représente cette pompe ainsi qu'une coupe verticale par l'axe du puits). L'organe principal est une chaîne sans fin, en fer, garnie de tampons de distance en distance. La chaîne s'enroule sur une poulie à gorge, qui lui donne le mouvement : cette poulie, montée sur un arbre horizontal tournant dans deux coussinets est mise en mouvement par une manivelle sur laquelle agit un manœuvre.

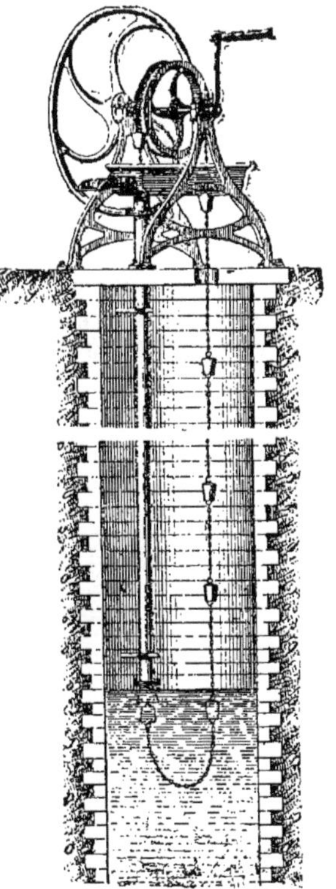

FIG. 2. — POMPE A CHAPELET SUR BATI. — (*Beaume*)

En faisant tourner la poulie, la chaîne s'élève dans le tube, les tampons formant pistons entraînent le liquide et l'élèvent jusqu'au dégorgeoir.

Ces pompes conviennent très bien pour les purins, et en général, pour les liquides épais comme les jus des tanneries par exemple. Lorsqu'on les utilise pour les purins, on les installe au-dessus de la fosse et elles sont soutenues à une certaine hauteur par un massif de maçonnerie ou par une légère charpente en bois. Du dégorgeoir part une goulotte en bois qui aboutit à un baquet dans lequel on puise le purin avec des seaux ou une écope ; souvent on adopte directement au dégorgeoir un tuyau en toile qui permet l'arrosage direct du fumier.

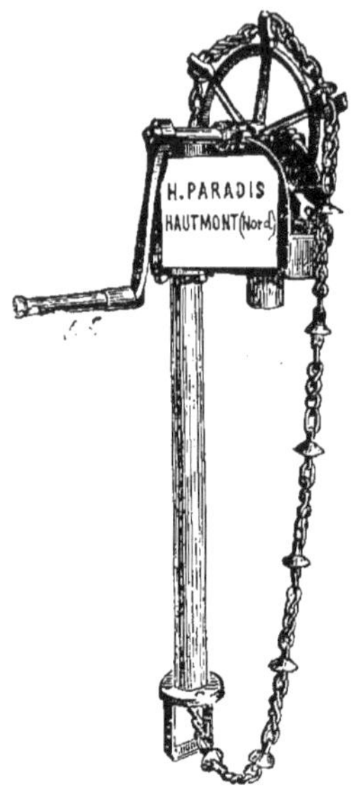

FIG. 3. — POMPE A CHAPELET SIMPLE. — (*H. Paradis*)

Pour les pompes à purin, le tube vertical est en fonte ; il en est de même des tampons qui sont sphériques ou lenticulaires.

Les pompes à chapelet sont aussi très utilisées pour l'élévation des eaux d'alimentation et on peut les employer chaque fois qu'il est possible d'installer l'appareil élévatoire au dessus du puits ou du cours d'eau.

Pour les eaux d'alimentation, les tuyaux sont ordinairement en laiton et les tampons sont formés de rondelles en caoutchouc prises entre des porte-tampons en fer galvanisé ; dans certaines machines bien établies, les porte-tampons sont assemblés par des tiges filetées qui permettent de changer facilement la rondelle de caoutchouc lorsqu'elle est détériorée.

Les pompes que nous étudions sont à l'abri des gelées, car peu de temps après chaque arrêt le tuyau vertical se vide complètement.

Afin d'éviter que la machine soit tournée en sens inverse, l'arbre porte une roue à rochet sur laquelle vient se poser un doigt ; comme ce rochet donne un bruit répété, Beaume le remplace par une plaque à charnière fixée au fond du

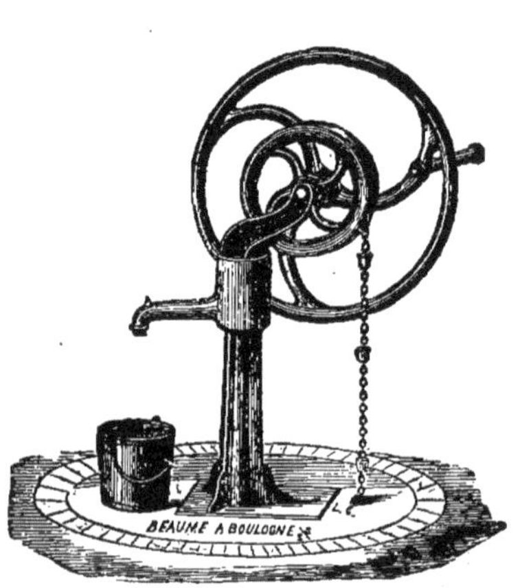

FIG. 4. — POMPE A CHAPELET SUR COLONNE (*Beaume*)

FIG. 5. — POMPE A CHAPELET MONTÉE SUR BATI A DOUBLE COLONNE (*Société française de matériel agricole*)

Fig. 6. — Pompe a chapelet relevée
(*David*)

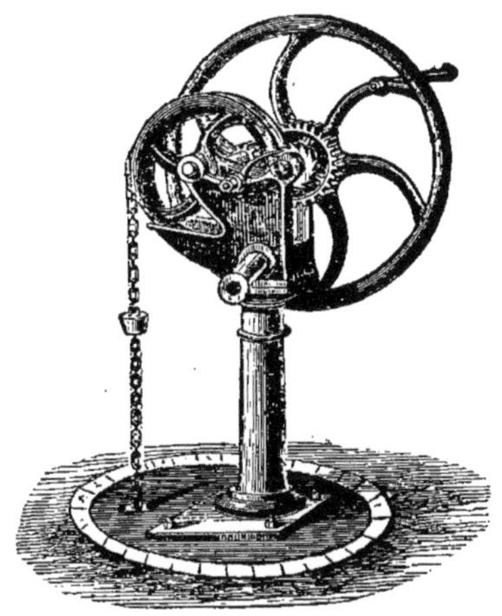

Fig. 7. — Pompe a chapelet a engrenages
(*Société française de matériel agricole*

dégorgeoir : si l'on vient à tourner en sens inverse, un tampon butte contre la plaque et arrête le mouvement de rotation.

Généralement la chaîne passe sur une poulie à gorge et à rainure ; le fond de la gorge porte des saillies dans lesquelles s'accrochent les tampons. Néanmoins dans certains modèles (Paradis, fig. 3) la chaîne passe dans des fourches fixées à la périphérie d'une roue.

Les pompes à chapelet sont montées sur bati (figure 2) ou sur une colonne pour les petits modèles (fig. 4). L'ensemble peut se fixer sur un léger plancher qui ferme le puits au niveau du sol.

La fig. 5 représente une pompe montée sur bati à double colonne, l'une contenant le brin ascendant de la chaîne et l'autre le brin descendant ; ce dispositif entièrement couvert convient pour les places publiques. Les pompes couvertes empêchent l'introduction de tout corps étranger qui pourrait détériorer le mécanisme ainsi que des feuilles qui occasionnent toujours la corruption de l'eau.

Lorsqu'on doit élever le niveau d'écoulement du dégorgeoir, on peut employer la disposition indiquée par la fig. 6 dans laquelle le déversoir est au dessus de la manivelle. L'arbre-manivelle commande l'arbre de la poulie à gorge par deux grandes roues dentées de $0^{m}72$ de diamètre ; cette disposition permet d'obtenir l'écoulement de l'eau à 1 mètre 22 au-dessus du sol sur lequel se trouve le manœuvre. En élevant les margelles de 0 m. 80, on peut remplir directement des tonneaux sur roues.

Pour les puits très profonds, dépassant 15 mètres, il faut, afin de diminuer les pertes d'eau dues aux fuites, augmenter la vitesse de la chaine ; on emploie alors des pompes à engrenages (fig 7) : le bati porte un arbre à volant-manivelle qui commande l'arbre de la poulie à gorge par une roue dentée et un pignon ; la poulie fait environ trois tours pour un tour du volant-manivelle.

TRAVAIL DES POMPES A CHAPELET A BRAS

Les anciens chapelets qui constituent, ainsi que nous l'avons vu, le point de départ de ces pompes, convenaient pour élever les eaux à 4 mètres de hauteur. Chaque homme élevait en moyenne de 13 à 15 mètres cubes d'eau par heure et à un mètre de hauteur. Le rendement n'était que les 2/5 du travail mécanique fourni par le moteur ; la perte d'eau, due aux fuites, pouvait être évaluée au 1/6 de la quantité totale d'eau élevée.

Avec les pompes à chapelets perfectionnées, la vitesse de la chaine peut atteindre en moyenne 0 m. 80 par seconde, et le débit des pompes dépend des dimensions des tuyaux.

Débit des pompes à chapelet mues à bras

(Debray)

Diamètre des tubes en cuivre	0m035	0m040	0m045	0m050	0m060	0m070
Débit possible à l'heure, en litres	2500	4000	6000	8000	9000	12000

Pour déterminer le nombre de manœuvres à employer pour la mise en marche de ces pompes perfectionnées, on peut se baser sur le chiffre suivant : un homme peut élever par heure, 20 mètres cubes à un mètre de hauteur.

Le diamètre du tuyau d'ascension décroît à mesure qu'augmente la hauteur d'élévation, ainsi que l'indique le tableau ci-dessous :

Diamètre des tuyaux des pompes à chapelet mues à bras

(Beaume)

Profondeur à laquelle on peut puiser (en mètres). .	4	7	10	16
Diamètre des tuyaux (en millimètres)	70	60	50	40

Pour les profondeurs dépassant 15 mètres on emploie des engrenages qui, ainsi que nous l'avons vu précédemment, augmentent la vitesse de la chaîne et on peut atteindre la profondeur de 25 mètres. Pour des élévations plus grandes, il convient d'avoir recours à un manège. Aussi construit-on des pompes à chapelet à manège direct.

2. — Pompes à chapelet à manège

Pour les grandes élévations ou pour les débits importants, on emploie des pompes à chapelet mues par des animaux. Ces machines à manèges peuvent se diviser en deux groupes :

A — Les machines fixes ;
B — Les machines locomobiles.

A — Machines fixes

La plupart des modèles de ce groupe sont établis de telle sorte que le manège forme corps avec le bati de la pompe, et le cheval ou le bœuf moteur tourne autour de l'orifice du puits.

FIG. 8. — POMPE A CHAPELET A MANÈGE A TROIS CHAINES. — *(Société française de matériel agricole)*

FIG. 9. — POMPE A CHAPELET A MANÈGE. — (*David*)

FIG. 10. — POMPE A CHAPELET ACCOUPLÉE A UN MANÈGE A TERRE. — (*Broquet*)

Le manège le plus généralement employé est un manège *en l'air* ainsi que l'indiquent les fig. 8 et 9. Nous n'avons pas à insister sur les différentes dispositions d'engrenages qui font partie de l'étude des manèges ; dans les fig. 8 et 10, l'attelage est à palonnier, dans la fig. 9, c'est une attelle en fer. — Quelquefois le bâti est constitué par une forte colonne en fonte. La fig. 10 représente un manège du genre de ceux dits à *terre*, qui sert à actionner directement l'arbre des poulies à gorge.

Le déversement de l'eau se fait suivant un des rayons du puits et le canal d'écoulement passe sous la piste du manège.

Lorsqu'il s'agit d'élever les eaux pour les abreuvoirs, on dispose ces derniers en contre-bas des pompes ; on peut adopter un abreuvoir annulaire construit autour de la pompe elle-même, ainsi que l'indique la fig. 9.

Lorsqu'on a à élever une très grande quantité d'eau, au lieu d'employer un seul tube très gros, on peut monter sur le même arbre deux ou trois chaînes à chapelet: ce dispositif est très bien indiqué par les fig. 8 et 10.

Souvent, les conditions générales d'établissement ne permettent pas de placer le manège directement au-dessus du puits; on est alors obligé d'avoir recours à une transmission intermédiaire et on adopte ordinairement un manège à terre ; la commande est, soit directe, soit par courroie ou chaîne sans fin.

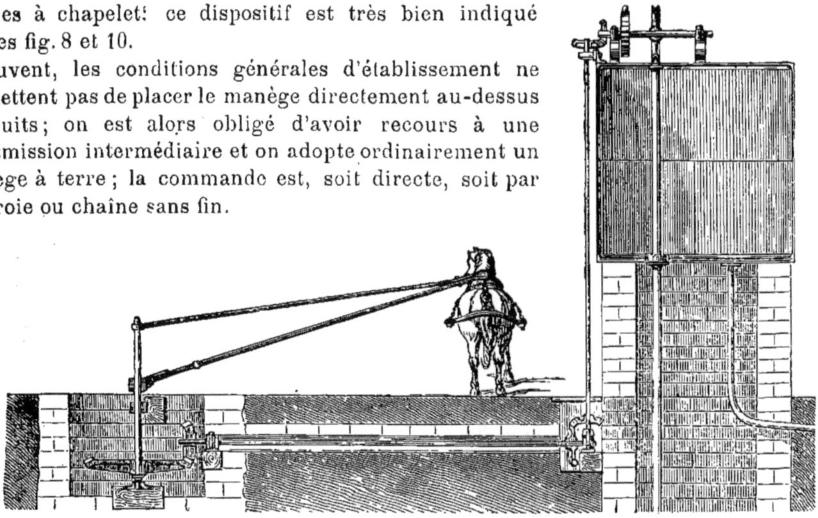

FIG. 11. — POMPE A CHAPELET A MANÈGE, AVEC TRANSMISSION ET RÉSERVOIR EN ÉLÉVATION AU-DESSUS DU PUITS. — (*Letellier*)

Ce manège (Letellier, Leperdrilleux, etc.), fig. 11, se compose d'une grande couronne dentée, solidaire avec la flèche, qui commande un arbre de couche horizontal par l'intermédiaire d'un pignon. En dehors de la piste, cet arbre en commande un autre vertical tournant contre le réservoir ; à la partie supérieure de ce dernier, l'arbre vertical met en mouvement par deux roues d'angle, l'arbre horizontal qui porte la poulie du chapelet.

Lorsque le chapelet se trouve à l'intérieur même du réservoir, le tuyau vertical doit traverser le fond et déboucher au niveau le plus élevé que l'on doit atteindre dans ce réservoir ; le brin de retour de la chaîne descend également dans un tuyau plus gros qui traverse le réservoir de haut en bas.

Dans certains dispositifs (Hanriau), l'arbre horizontal du manège est prolongé jusqu'à l'aplomb de la chaîne du chapelet et se termine par une grande poulie à gorge et à empreintes ; le brin de retour de la chaîne passe sur cette poulie, puis sur une autre placée au-dessus formant tendeur, et de là descend dans le puits.

B. — Machines locomobiles

Ces pompes conviennent surtout lorsqu'il s'agit d'élever les eaux de plusieurs puits différents ; elles peuvent être employées pour la submersion des vignobles de petite et de moyenne étendue, ou pour les irrigations.

Elles sont généralement montées sur un bâti en fer à double T, porté par deux roues ; avant la mise en marche, le bâti est réuni par des étriers à coins ou à vis de serrage, avec un chassis en charpente placé au-dessus de l'orifice du puits. Le manège est en l'air et sauf le chariot, la disposition générale ressemble à la fig. 12.

Dans la machine de Formis-Benoit, le tube est formé de tronçons de différentes longueurs assemblés par des brides en fonte ; dans cette machine, la chaîne est du type dit à la Vaucanson et la poulie à gorge du chapelet est remplacée par une roue étoilée.

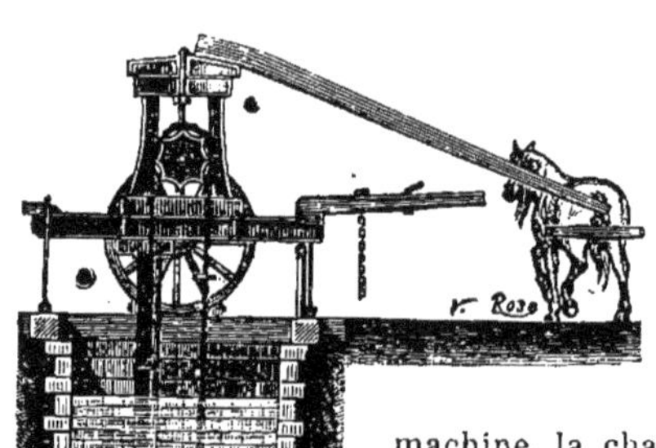

FIG. 12. — POMPE A CHAPELET LOCOMOBILE. — (*Formis-Benoit*).

TRAVAIL DES POMPES A CHAPELET A MANÈGE

Comme nous l'avons vu pour les chapelets à bras, le débit maximum des pompes est variable suivant les diamètres des tubes. Voici à ce sujet quelques indications :

Débit des pompes à chapelet

(Beaume)

Manège à un cheval

Un tube

DIAMÈTRE DU TUBE	DÉBIT MAXIMUM A L'HEURE
40 millimètres	4000 litres
50 —	6000 —
60 —	9000 —
70 —	12000 —
80 —	15000 —

Manège à deux chevaux

Deux tubes

DIAMÈTRE DES TUBES	DÉBIT MAXIMUM A L'HEURE
60 millimètres	18.000 litres
70 —	24.000 —
80 —	30.000 —
90 —	40.000 —
100 —	50.000 —

Le diamètre des tuyaux d'ascension est en raison inverse de la hauteur à laquelle il faut élever l'eau ainsi qu'on le voit par le tableau suivant :

Diamètre des tuyaux

(Beaume)

Manège à un cheval

Un tube

PROFONDEUR A LAQUELLE ON PEUT PUISER	DIAMÈTRE DES TUYAUX
40 mètres	40 millimètres
26 —	50 —
15 —	60 —
10 —	70 —
6 —	80 —

Manège à deux chevaux

Deux tubes

PROFONDEUR A LAQUELLE ON PEUT PUISER	DIAMÈTRE DES TUYAUX
15 mètres	60 millimètres
10 —	70 —
6 —	80 —
5 —	90 —
3 —	100 —

Il ne convient pas de dépasser une élévation de 40 mètres, ce qui d'ailleurs est assez rare en pratique ; à cette hauteur d'élévation le rendement mécanique de la pompe à chapelet est très faible.

On peut compter qu'un cheval de force moyenne est capable d'élever à un mètre de hauteur de 90 à 100 mètres cubes d'eau par heure.

Des essais de pompes à chapelet à manège direct ont été faits au concours régional agricole de Marseille en mai 1886 et à celui de Nîmes en 1888. Voici quelques chiffres intéressants tirés des rapports de M. P. Ferrouillat, prof[r] à l'école d'agriculture de Montpellier :

Résultats du concours régional agricole de Marseille 1886

DÉSIGNATION	NOM DES EXPOSANTS			
	Formis-Benoit		Sausay frères	
Numéro des essais	1	2	3	4
Diamètre du tuyau	0m120		0m120	
Longueur de la flèche du manège.	2m94		2m98	
Vitesse du cheval en mètres par seconde	1.077	0.923	0.998	1.138
Nombre de tours du manège par minute	3.50	3.00	3.20	3.66
Durée de l'essai en secondes . .	300	300	300	240
Hauteur d'élevation de l'eau en mètres	1.95		1.98	1.96
Volume d'eau élevé pendant l'essai, en litres	2968.2	2478.6	2845.8	2998.8
Volume d'eau élevé par seconde, en litres	9.894	8.262	9.486	12.495
Effort développé par le cheval, en kilogrammes	34.012	33.454	39,500	45,870
Rendement mécanique %	63.4	62.3	57.4	56.5
Rendement mécanique moyen . .	62.8 %		57 %	

Les essais de Nîmes ont fourni, entr'autres, les renseignements suivants :

DÉSIGNATION	MACHINES DE			
	Beaume	Bompard	Vantelot-Béranger	Beaume
Débit de la machine en mètres cubes à l'heure, élevés à 3 mètres de hauteur.	50	54	25	10 à 12
Rendement mécanique. . .	68 %	66 %	52 %	49 %

Le rendement mécanique des pompes à chapelet augmente avec leur débit. Il en est de même de toutes les machines élévatoires : la perte de travail est surtout due aux fuites ou pertes d'eau qui sont relativement d'autant plus considérables que le débit est plus faible.

3. — Pompes à chapelet au moteur

Enfin, pour les installations importantes comme les épuisements, les submersions des vignes, etc., on peut avoir recours à des pompes à chapelet mises en mouvement par un moteur quelconque, à vapeur ou hydraulique.

La transmission a lieu par courroie ; la machine porte une poulie fixe et une poulie folle (fig. 13).

Avec ces pompes on peut compter en pratique pouvoir élever à un mètre, par heure et par cheval-vapeur, de 160 à 180 mètres cubes d'eau.

F. 13. — Pompe a chapelet au moteur, avec transmission par courroie. — *(Letellier)*

DEUXIÈME CATÉGORIE

POMPES PROPREMENT DITES

I

LES POMPES A PISTON

Ces machines se composent en principe d'un *corps de pompe* cylindrique, horizontal ou vertical, dans lequel se meut un *piston* animé d'un mouvement alternatif à l'aide de certains mécanismes. Un jeu de *soupapes* complète la pompe qui communique avec le puisard par un *tuyau d'apiration*; l'eau élevée s'échappe dans un *tuyau de refoulement*.

On dit qu'une pompe est à *simple effet*, lorsque le piston ne travaille pour le refoulement, que sur une de ses faces. Au contraire, lorsque la machine est disposée de telle sorte que le piston travaille au refoulement par chacune de ses deux faces et alternativement, la pompe est dite à *double effet*.

Aussi, avec une pompe à simple effet, le jet du refoulement est intermittent : il n'a lieu qu'une fois pour deux courses du piston (aller et retour); le refoulement est presque continu, et a lieu à chaque course de piston dans les pompes à double effet.

Suivant la position de la machine par rapport à l'eau à élever et suivant le mode d'action du piston, les pompes peuvent se classer en plusieurs catégories que nous allons examiner successivement :

1° Lorsque le corps de pompe baigne dans le liquide à élever, ou est au même niveau que ce dernier, le piston n'a qu'à refouler l'eau à une certaine hauteur ; il n'y a pas d'aspiration proprement dite et la pompe est *foulante*.

2° Lorsque le corps de pompe est à une certaine hauteur au-dessus du niveau de l'eau à élever, et que l'eau est rejetée immmédiatement au-dessus du piston, la pompe est *aspirante*.

3° Lorsque le corps de pompe est placé entre le niveau de l'eau à puiser et le niveau du déversement, il y a deux cas à considérer :

A. — Le piston, par une de ses faces, élève l'eau pendant son mouvement ascensionnel en même temps qu'il aspire par l'autre face : la pompe est dite *aspirante et élévatoire*.

Dans ces machines le piston est percé d'orifices garnis de soupapes.

B. — Le piston élève l'eau pendant son mouvement descendant, c'est-à-dire que dans sa course effectuée dans un sens il aspire, et dans la course en sens inverse il refoule l'eau aspirée précédemment : la pompe est dite *aspirante et foulante*. Dans ces machines le piston est plein.

La plupart des pompes ont leur corps en fonte ; les plus soignées ont le corps formé d'un tuyau de laiton maintenu entre deux fonds en fonte serrés par des tiges filetées.

Les soupapes sont en fonte ou en bronze à charnières ; elles battent sur un *siège* soigneusement ajusté. Dans les pompes agricoles, les clapets sont avantageusement remplacés par des sphères en caoutchouc qui sont plus simples, moins coûteuses, plus faciles à remplacer et assurent une étanchéité plus parfaite.

L'ensemble de la pompe est monté sur un *socle*, ou contre un mur, soit directement, soit par l'intermédiaire d'un plateau : dans ce cas elle est dite *d'applique*.

Le piston est guidé par son *presse-étoupes*, quelquefois par une *glissière* ; il est mis en mouvement par un *balancier* tournant autour d'un axe de rotation. Souvent, le mouvement du piston est obtenu par l'intermédiaire d'une bielle et d'une manivelle calée sur un arbre qui porte un volant,

Les pompes à *bras* sont établies *fixes*, à demeure, ou montées en *locomobiles* sur un léger chariot.

Les pompes à *manège* sont également fixes ou locomobiles ; il en est de même des pompes dites au *moteur*, qui reçoivent leur mouvement par une courroie.

Vitruve attribue l'invention des pompes à pistons au grec Ktesibius, qui vivait du temps de Ptolémée VII Evergète d'Alexandrie (de 146 à 117 avant J.-C.) La machine de Ktesibius, qui élevait l'eau à une grande hauteur, ressemblait à nos pompes à incendie actuelles ; elle était trop perfectionnée pour avoir été établie sans invention préalable. Cependant les forgerons égyptiens, 1.500 ans avant J.-C., employaient des soufflets en peaux garnis de soupapes ; le mécanisme des soupapes était donc bien connu au temps de Ktesibius. Le mot pompe est d'origine grecque (*pempo*).

On a fait remonter l'origine des soupapes à boules à John Melling, de Liverpool, qui prit un brevet en 1835 ; mais Leupold dans son « *Théâtre des machines hydrauliques* », de 1725, mentionne ces soupapes. John Acrell, constructeur de vaisseaux à Stockolm, construisit en 1751, une soupape à boule de fer. (Recueil de l'Académie royale de Suède B. XIV.)

Dès le XIIIe Siècle, la construction et l'établissement des pompes étaient le privilège de la corporation des *Fontainiers*.

---

1. — Pompes foulantes

Ainsi que nous l'avons vu, les pompes foulantes ont le corps mis à même dans la couche d'eau ; elles n'ont pas de tuyau d'aspiration.

La figure 14 représente la vue générale d'une machine, qui peut être prise comme type de pompe foulante. — La coupe verticale de la figure 15 indique bien les parties principales de la machine.

Cette pompe, entièrement en fonte grise, se compose d'un corps cylindrique 12-13, boulonné sur une semelle en bois, qu'on descend dans le liquide à élever. La partie inférieure 13 constitue une lanterne de 0m15 de hauteur, percée d'orifices allongés par lesquels s'introduit l'eau ; la partie centrale 12 se relie par un coude avec le cylindre 11 ouvert par le haut. Dans le cylindre 11 se meut verticalement un piston plongeur 16, fixé à l'extrémité d'une tige en bois qu'indique bien la figure 14. — Le piston a une course d'environ 0m80. Les soupapes 14 et 15 sont en fonte ; elles ont la forme hémi-sphérique, et portent des contrepoids inférieurs qui tendent à les faire retomber sur leurs sièges 17, garnis de

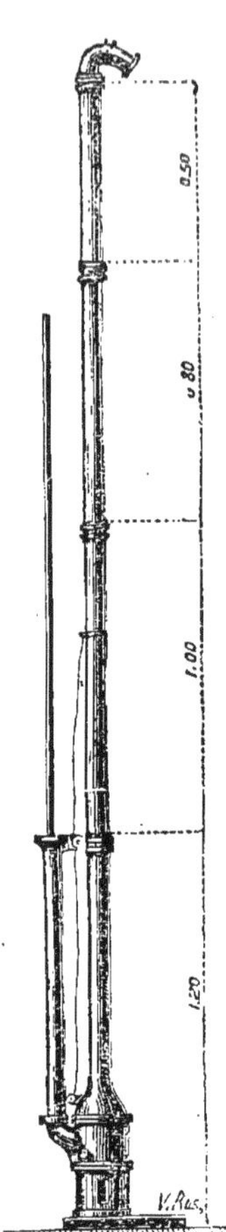

Fig. 14. — Vue générale de la pompe foulante « Fauler » (*Faul*)

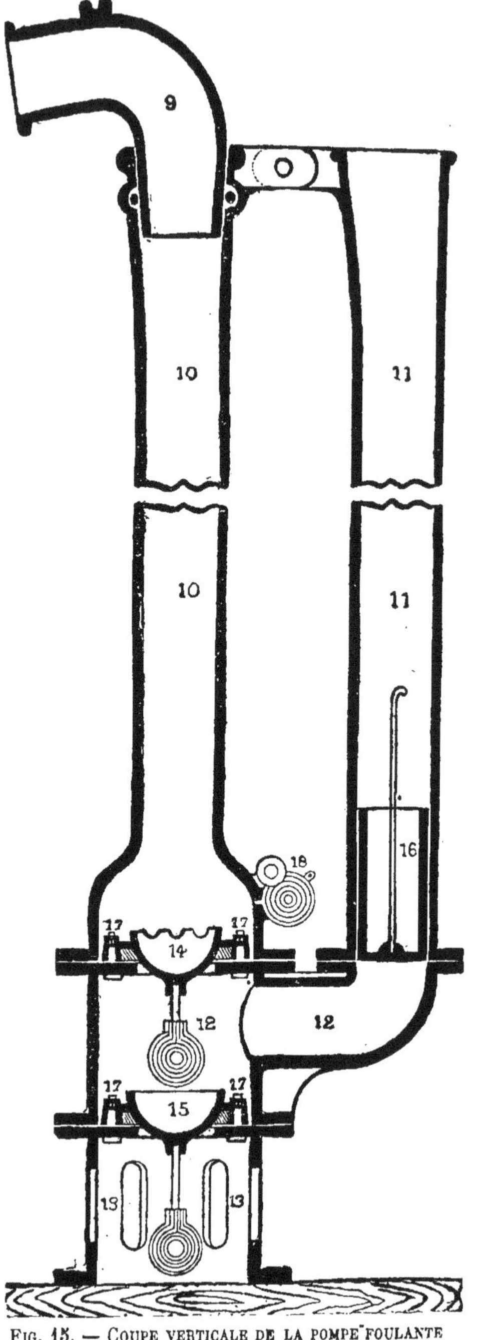

Fig. 15. — Coupe verticale de la pompe foulante

rondelles de caoutchouc. La soupape 15 est celle d'aspiration; 14 est la soupape de refoulement.

Enfin le cylindre 12 est terminé, à sa partie supérieure, par le tuyau de refoulement, indiqué par le numéro 10.

FIG. 16. — POMPE « FAULER » EN FONCTIONNEMENT

Lorsque le piston 16 s'élève dans le cylindre 11, l'eau rentre par la lanterne 13, soulève la soupape 15 et pénètre dans le corps de pompe 12-11. Lorsque le piston s'abaisse, le refoulement dans le tuyau 10 a lieu en soulevant la soupape 14.

La hauteur de refoulement est variable ; on emboîte sur le tube 10 un certain nombre de tuyaux en fonte, ainsi que l'indique la figure 14. Ces tuyaux sont amincis à une extrémité ; à l'autre, ils sont terminés en entonnoir et portent intérieurement une rainure circulaire destinée à recevoir une bague en caoutchouc, ainsi qu'on le voit en coupe dans la figure 15 à l'assemblage du tuyau 10 et du coude 9.

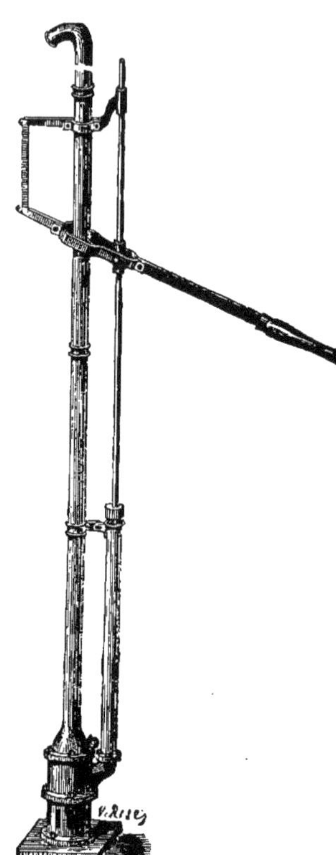

Fig. 17. — Pompe foulante a levier mobile. — *(Faul)*

A la partie inférieure du premier tuyau de refoulement 10 (fig. 15) se trouve une soupape à boulet 18 servant à la vidange ; un fil de fer ou une ficelle est attachée à cette soupape et arrive au niveau du sol (fig. 14-16) ; en tirant ce fil on soulève la soupape 18 et on vide le tuyau de refoulement afin de prévenir les accidents qui pourraient survenir pendant les gelées.

La fig. 16 représente la pompe en fonctionnement ; le tuyau de refoulement se termine par un coude auquel s'accroche un couloir en bois ou en tôle qui conduit le liquide dans un tonneau. La machine, coaltarée à l'intérieur et à l'extérieur, est une excellente pompe à purin.

Lorsque la hauteur de refoulement dépasse 6 mètres, le piston, au lieu d'être manœuvré directement, est mis en mouvement par l'intermédiaire d'un levier mobile (fig. 17). Ce levier se fixe par une bride sur le tuyau de refoulement et à des hauteurs variables suivant les cas. Ce levier peut encore être employé lorsque l'on ne dispose pas de l'emplacement voulu pour fouler directement sur la tige du piston comme le représente la fig. 16.

La pompe Faul, donne environ de 1 à 3 litres d'eau par coup de piston, suivant le diamètre de ce dernier.

Voici quelques chiffres que nous avons relevés sur une pompe Faul présentée par M. Chambonnière au concours régional agricole de Clermont-Ferrand 1886 :

Nombre d'hommes employés	1
Hauteur totale d'élévation de l'eau	2m 40
Temps employé.	4' 00"
Litres d'eau élevés pendant l'essai	140 lit.
Débit de la pompe ramené en litres élevés par minute à un mètre de hauteur	108 lit.

C'est dans la catégorie des pompes foulantes qu'il faut ranger les *pompes à incendie* ordinairement en usage : les corps de pompe sont renfermés dans une bâche maintenue constamment pleine d'eau ; les pistons au nombre de deux chassent l'eau dans un réservoir d'air, d'où part le tuyau de refoulement. Les tiges des pistons sont mises en mouvement par un balancier garni de longues poignées sur lesquelles agissent plusieurs hommes à la fois.

La figure 18 représente une pompe foulante de Durozoy, appelée *propulseur*. Le cylindre, ouvert par le bas, plonge dans le liquide à élever ; il se termine à la partie supérieure par une soupape et le tuyau de refoulement. Le piston, garni lui-même d'une soupape, est relié, par des tiges extérieures au cylindre, avec la tringle de manœuvre commandée par le balancier. En abaissant le piston l'eau passe au travers de sa soupape et rentre dans le cylindre ; en élevant le piston, l'eau est refoulée dans le tuyau vertical. Cette pompe est souvent employée comme pompe à purin.

Fif. 18 — Pompe foulante dite propulseur. — (*Durozoy*)

Lorsqu'il s'agit de puits profonds ou de grandes élévations d'eau, on peut employer le propulseur à trois corps de Durozoy, dont la figure 19 représente une coupe par l'un des corps de pompe. Le cylindre est en A, et le piston en C ; ce piston, formant soupape, est relié extérieurement avec la tringle de manœuvre B. L'eau est refoulée dans le réservoir D, et de là, dans le tuyau ascensionnel E. L'ensem-

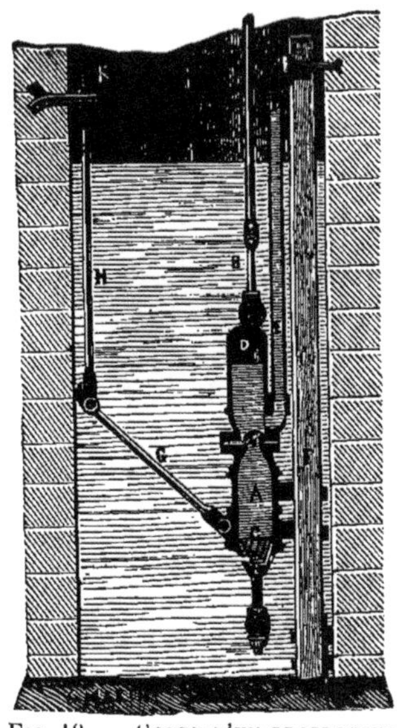

Fig. 19. — Coupe d'un propulseur a trois corps. — (*Durozoy*)

ble de la pompe est boulonné sur un bâti en charpente F, garni à la partie inférieure de pointes en fer qui pénètrent dans le fond du puits; à la partie supérieure, le bâti est fixé au mur par des boulons à scellement. Pour augmenter la rigidité du pied du bâti, une tringle G oblique, articulée avec une tige verticale H est serrée par un écrou K; en forçant la tige H à descendre, la tringle G tend à appliquer le bâti F contre la paroi du puits. Cette pompe foulante que nous venons de décrire (ainsi que la précédente) est à simple effet : le piston C ne travaille que pendant son mouvement d'élévation.

2. — Pompes aspirantes

Les pompes aspirantes ont généralement plus d'applications que celles que nous venons d'étudier. Elles n'élèvent l'eau qu'un peu au-dessus du niveau que le piston atteint à l'extrémité supérieure de sa course.

Le corps de pompe, ouvert à sa partie supérieure, se termine à sa partie inférieure par le tuyau d'aspiration ; au joint du tuyau d'aspiration avec le corps de pompe se trouve une soupape qui s'ouvre de bas en haut. Le piston est percé, et l'orifice est fermé par une soupape qui s'ouvre également de bas en haut.

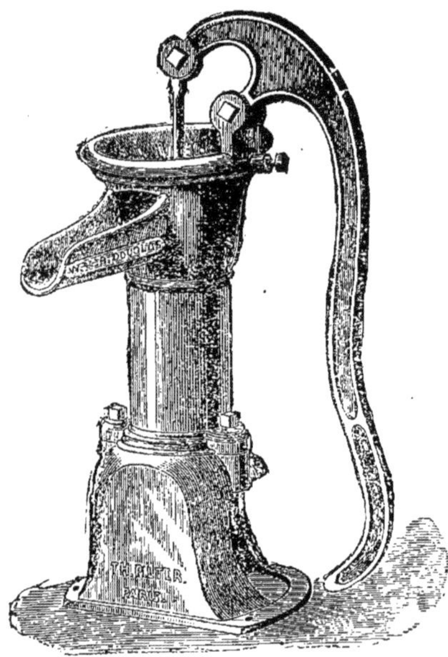

Fig. 20. — Pompe aspirante a cuvette de W. et B. Douglas. — *(Pilter)*

Lorsque le pston s'élève, il y a aspiration, sa soupape se ferme, l'eau pénètre dans le corps de pompe en soulevant la soupape de ce dernier, et en même temps l'eau qui se trouve au-dessus du piston est élevée jusqu'au niveau du dégorgeoir par où elle s'échappe.

Lorsque le piston descend, la soupape se ferme ; l'eau qui se trouvait sous le piston passe au travers de ce dernier en soulevant sa soupape, et vient se placer au-dessus du piston ; le piston l'élèvera au dégorgeoir lors de son mouvement ascensionnel.

Les pompes aspirantes à un seul corps, ont donc comme les pompes foulantes de même genre un débit intermittent ; pour obtenir un débit continu on associe deux corps de pompe dans lesquels les pistons correspondants se meuvent en sens inverse l'un de l'autre.

Le point le plus important à fixer est la hauteur d'aspiration. Mais si les lois de la

Physique nous apprennent qu'on peut aspirer l'eau jusqu'à une hauteur verticale de 10 mètres 33 centimètres, la pratique nous montre, que par suite des fuites des garnitures et des soupapes, il ne faut guère compter sur plus de 7 à 8 mètres d'aspiration verticale.

La fig. 20 représente la pompe de W. et B. Douglas, dite à cuvette. Le mouvement alternatif du piston est obtenu à l'aide d'un balancier dont le centre de rotation est solidaire avec une couronne. Une vis de serrage maintient cette couronne sur le corps de pompe et permet de placer le balancier dans une position quelconque par rapport au dégorgeoir.

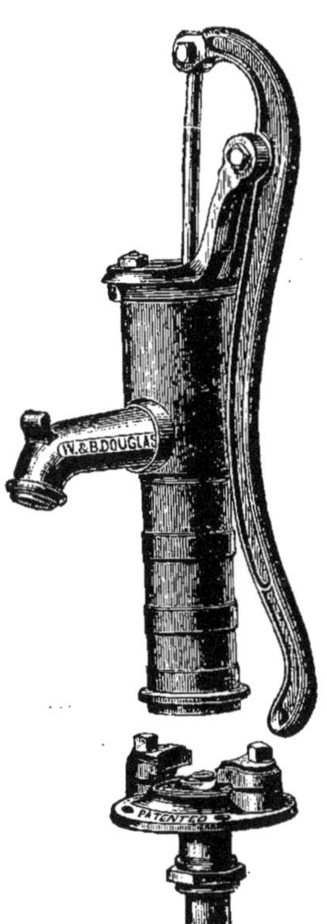

Fig. 21. — Pompe aspirante a base mobile. — *(Piller)*

La base est représentée séparée du corps de pompe et montre le mode d'assemblage ainsi que la soupape d'aspiration.

Le modèle fig. 20 est fixé sur un socle qui permet d'atteindre facilement le raccord du tuyau d'aspiration. La fig, 21 représente une pompe dite à base mobile : le dégorgeoir peut se tourner dans la position voulue.

Les deux pompes fig. 20 et 21 se fixent sur une pierre, une semelle en bois, etc. La fig. 22 représente une pompe à pattes construite d'après les mêmes principes ; au moyen de ces pattes on peut fixer cette pompe contre un mur ou un poteau.

Dans les modèles indiqués, les clapets sont disposés de telle sorte qu'en soulevant l'extrémité du levier au point le plus élevé qu'il puisse atteindre, la pompe se vide complètement ainsi que le tuyau d'aspiration, dispositif qui met l'ensemble du mécanisme à l'abri de la gelée.

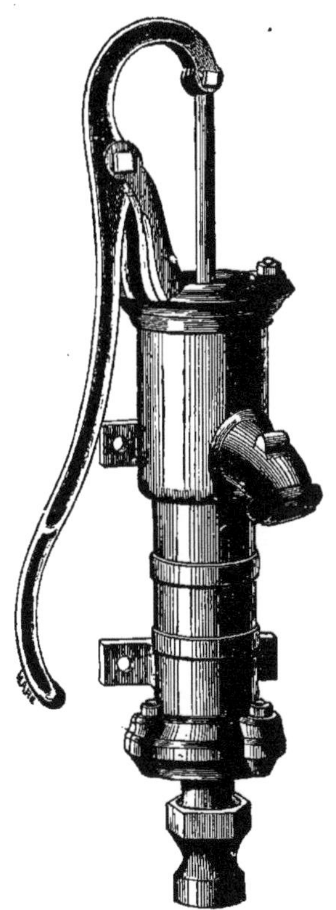

Fig. 22. — Pompe aspirante a pattes. — *(Mot et Cie)*

Les pompes précédentes sont très employées pour les usages domestiques, et pour la manipulation des purins ; on les fixe souvent sur les tonneaux ainsi que le représente la figure 23 ; le modèle figure 20 est très utilisé pour les puits instantanés.

FIG. 23. — POMPE A PURIN MONTÉE SUR TONNEAU

Voici quelques renseignements sur les diamètres et les débits des machines précitées :

Débit des Pompes aspirantes

(Th. Pilter)

1°. — Pompes à cuvette

Diamètre du piston en millim.. . .	62	75	85	100	127
Diamètre du tuyau d'aspiration. . .	27	33	33	40	60
Débit moyen par minute, en litres. .	20	30	40	55	100

2°. — Pompes à base mobile

Diamètre du piston, en millimètres	51	57	64	70	76	82	89
Diamètre du tuyau en millimètres	27	27	33	33	40	40	50
Débit moyen par minute, en litres. . .	12	16	25	40	45	55	65

Le tableau suivant donne des indications relatives aux dimensions des tuyaux d'aspiration.

Dimensions des tuyaux d'aspiration

(*H. T. Mot et Cie*)

Diamètre du piston en millimèt.		57	64	70	76	83	90
Hauteur de la pompe. . . .		0m54	0.60	0.66	0.72	0.78	0.84
Diamétre intérieur du tuyau d'aspiration, en millim.	en fer. .	42	42	48	48	61	61
	en plomb.	30	30	40	40	50	50

Les pompes aspirantes sont souvent montées en forme de borne dont les faces extérieures sont plus ou moins ornementées (fig. 24) ; elles sont manœuvrées soit à l'aide d'un balancier, soit par l'intermédiaire d'un volant-manivelle (fig. 25).

Les pompes installées à demeure, contre un mur, sont fixées sur un grand plateau vertical en bois et le piston est mis en mouvement par un balancier dont le point d'articulation est à la partie supérieure. Dans certaines machines le corps de pompe est en cuivre et est maintenu entre deux bases en fonte ; à la partie inférieure du corps se trouve un regard fermé par un volant à vis, dispositif qui permet de vérifier facilement l'état de la soupape d'aspiration.

Pour les épuisements on emploie les machines à un ou deux corps de pompe (fig. 26) ; lorsqu'il y a deux corps, ils se réunissent à leur partie supérieure avec le dégorgeoir,

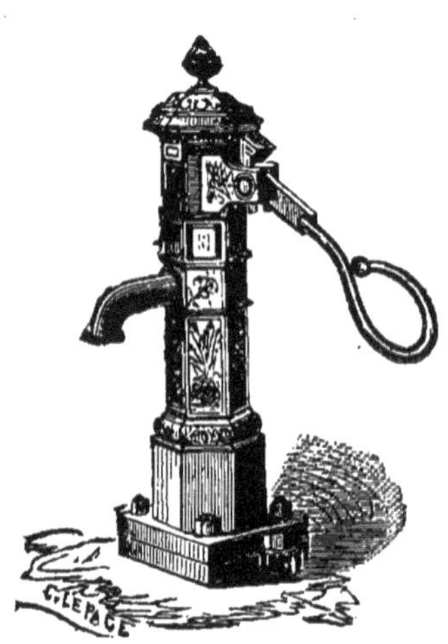

FIG. 24. — POMPE BORNE ORNÉE, A BALANCIER
(Letestu)

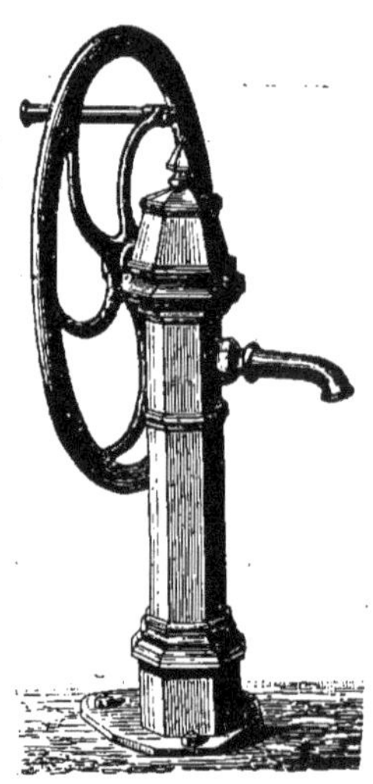

FIG. 25. — POMPE BORNE A VOLANT-MANIVELLE
(Letestu)

FIG. 26. — POMPE D'ÉPUISEMENT A DOUBLE EFFET. — *(Letestu)*

ainsi que l'indique la fig. 26. Le grand balancier est muni de deux poignées sur lesquelles plusieurs hommes peuvent agir. Dans les grands épuisements, ce balancier est mis en mouvement par une manivelle calée sur un arbre qui reçoit, par courroie, la commande d'une machine à vapeur.

Les pompes de Letestu, et en général les pompes d'épuisement, ont un piston spécial formé d'un cône en cuivre percé de trous et garni d'une ou de deux feuilles de cuir jouant le rôle de soupapes : ce système évite les engorgements.

Claudel cite qu'à la construction du pont de Croix-Daurade près de Toulouse, les fouilles ont été faites dans l'enceinte d'un batardeau qu'on tenait asséché au moyen de deux pompes Letestu de $0^{m}40$ de diamètre élevant en moyenne chacune à 3 mètres 50 de hauteur, 530 mètres cubes d'eau par 24 heures. Chaque pompe était manœuvrée par 12 hommes relayés toutes les heures par 12 autres, de sorte que pour les deux pompes il y avait constamment 48 hommes sur le chantier, non compris deux hommes pour soigner les machines.

C'est dans la section des pompes aspirantes qu'il faut classer la pompe « Acme », à diaphragme représentée fig. 27. La partie supérieure de la pompe, qui forme cuvette,

FIG. 27. — POMPE D'ÉPUISEMENT « ACME ». — (*Th. Pilter*)

porte un déversoir latéral et l'articulation d'un boitard dans lequel on introduit un levier mobile en fer, non représenté dans le dessin ; le levier soulève ou abaisse un diaphragme en caoutchouc dont le centre est garni d'une soupape s'ouvrant en dehors : en abaissant le levier, le diaphragme se soulève et produit l'aspiration. La pompe Acme, quoique à simple effet donne un grand débit eu égard à ses petites dimensions : chaque coup de piston peut donner jusqu'à 6 litres d'eau ; les grands diamètres des soupapes permettent d'employer cette pompe pour les purins, les vidanges, les épuisements de carrières, etc. La pompe a environ 0,40 de diamètre et 0,30 de hauteur ; le levier a environ 1 mètre de longueur et le tuyau d'aspiration 0,075 de diamètre.

3. — Pompes aspirantes et élévatoires

Ainsi que nous l'avons vu dans toute pompe aspirante et élévatoire le piston, par une de ses faces, aspire l'eau (lors de son mouvement ascensionnel) et en élève une autre portion par l'autre face. — Dans ces pompes le piston est percé d'orifices garnis de soupapes.

Les pompes aspirantes et élévatoires sont analogues aux pompes aspirantes, mais la tige du piston passe au travers d'un presse-étoupes.

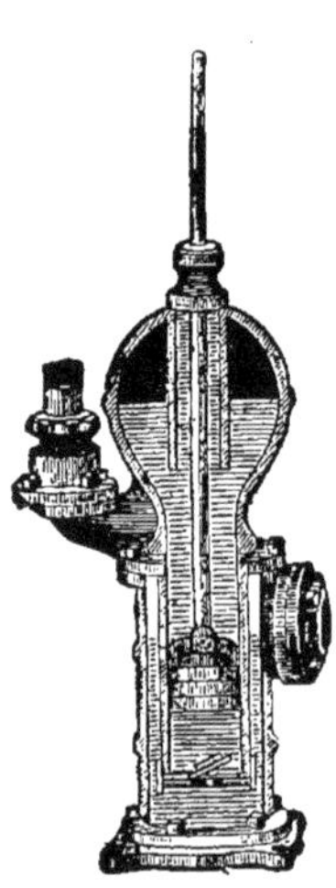

Fig. 28. — Coupe de la pompe aspirante et élévatoire, dite pompe siphon. (*Beaume*).

Lorsque les pompes aspirantes et élévatoires sont installées verticalement, le piston et sa tige ne travaillent que pendant le mouvement d'élévation : la tige résiste à l'extension et se trouve dans les meilleures conditions de fonctionnement. La tige du piston ne travaillant qu'à l'extension peut donc être aussi longue que l'on veut ; on peut installer la pompe dans un puits très profond et partager la hauteur d'élévation en deux parties : l'une inférieure dite d'aspiration, l'autre supérieure dite de refoulement.

Sur la conduite de refoulement et près du corps de pompe se trouve un réservoir d'air appelé réservoir de compression, qui diminue les chocs à chaque retour du piston et régularise le débit de la machine.

Ces pompes conviennent très bien lorsqu'elles sont accouplées à des moulins à vent.

La fig. 28 représente en coupe une de ces pompes aspirantes et élévatoires ; la vue générale est indiquée fig. 29. — La disposition spéciale de cette machine réside dans la

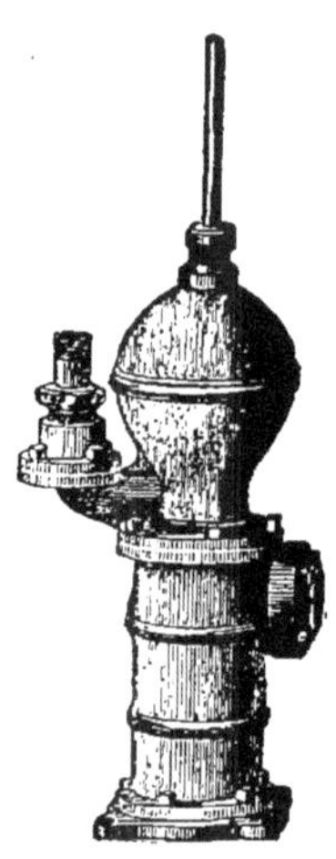

Fig. 29. — Vue extérieure de la pompe siphon.

double enveloppe du corps de pompe : cette enveloppe, qui communique par la partie supérieure avec le tuyau d'aspiration, renferme toujours une couche d'eau à sa partie inférieure, couche qui restant toujours au niveau de la soupape d'aspiration, empêche la pompe de se désamorcer, même après un temps assez long de repos.

On a construit de ces pompes avec dimensions réduites (fig. 30, fig. 31). Elles peuvent alors être employées pour le lavage des laiteries, cours, voitures, arrosage des jardins,

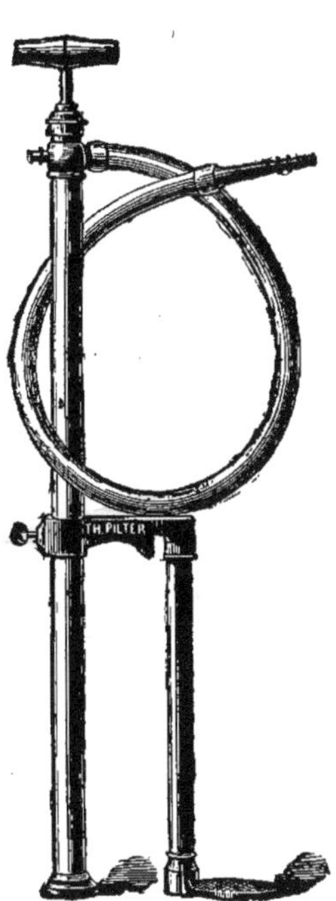

FIG. 30. — POMPE A MAIN
(Th. Pilter)

FIG. 31. — FONCTIONNEMENT DE LA POMPE A MAIN
(Th. Pilter)

etc., etc. La fig. 30 représente une de ces pompes montée sur une petite colonne latérale terminée à la partie inférieure par un patin sur lequel le pompier pose le pied. La fig. 31 qui montre le fonctionnement de cette petite machine nous dispense de toute description ; cette pompe peut débiter jusqu'à 15 litres à la minute et lancer le jet avec une projection de 15 mètres environ.

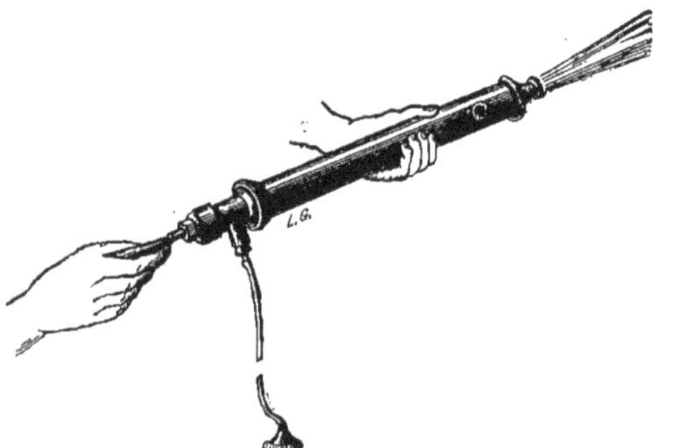

FIG. 32. — POMPE A MAIN DITE HYDRONETTE. — (*Noël*)

FIG. 33. — POMPE A MAIN A JET CONTINU. — (*Letestu*).

FIG. 34. — FONCTIONNEMENT DE LA POMPE A MAIN.

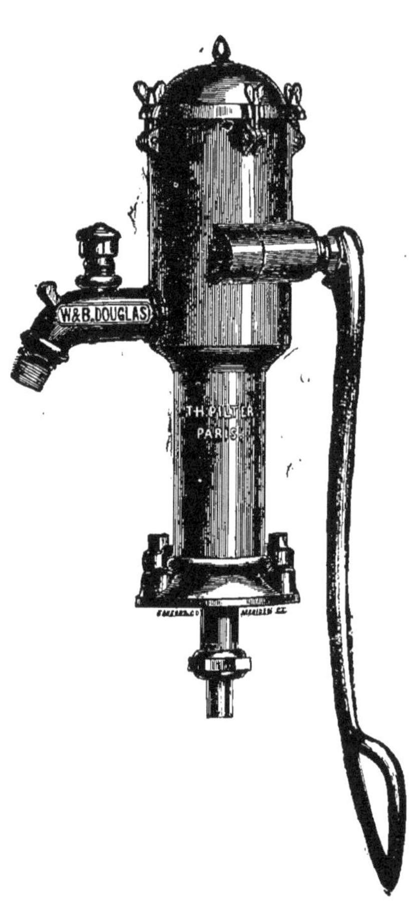

FIG. 35. — POMPE ASPIRANTE ET ÉLÉVATOIRE, A BALANCIER, DE W. ET B. DOUGLAS. — (*Th. Pilter*).

Au lieu d'employer la disposition à pédale, on peut avoir recours à celles représentées figures 32-33 qui fonctionnent à la façon des seringues en usage en horticulture; dans le modèle fig. 32 la partie supérieure se termine par une sphère formant réservoir de compression qui assure la régularité du jet; la partie inférieure de la pompe porte le tuyau d'aspiration. On voit sur la fig. 34 le fonctionnement de cette pompe.

La fig. 35 représente une pompe aspirante et élévatoire de W. et B. Douglas basée sur le même principe que celles des figures 20 et 21, seulement la partie supérieure est fermée par un couvercle obturateur à joint de caoutchouc et constitue le réservoir de compression; ce couvercle est maintenu par trois écrous à oreilles, de sorte qu'il suffit de l'enlever pour que la pompe fonctionne comme pompe aspirante. Le mouvement du balancier est transmis au piston à travers un presse étoupes; le bras du balancier, relié à la tige du piston se trouve à l'intérieur même de la machine. — Ces pompes peuvent être montées sur un léger chariot à deux roues formant brouette; elles deviennent alors portatives (fig. 36).

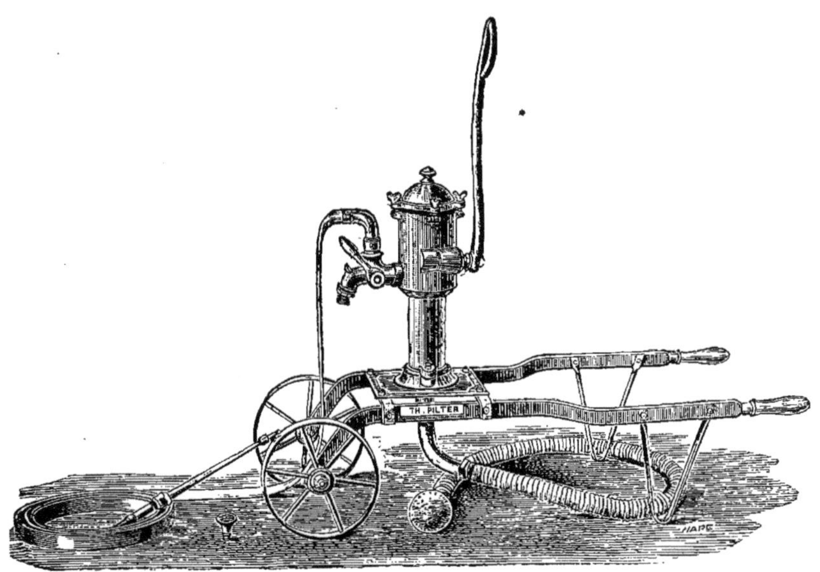

FIG. 36. — POMPE ASPIRANTE ET ÉLÉVATOIRE MONTÉE SUR CHARIOT. — (*Th. Pilter*)

On remarque dans la figure 36, sur la gauche, le tuyau d'aspiration et sur la droite le tuyau de refoulement garni de sa lance d'arrosage. (Nous nous occuperons de ces tuyaux dans un paragraphe spécial).

Ces pompes peuvent être montées sur plateau et elles ont alors une grande analogie avec celle représentée fig. 22. Le piston peut recevoir son mouvement par l'intermédiaire d'un grand balancier dont l'axe de rotation se trouve à la partie supérieure du plateau ; dans certaines machines, le mouvement peut être pris sur l'arbre d'un volant manivelle.

On a établi des pompes aspirantes et élévatoires à piston animé d'un mouve-

Fig. 37. — Pompe circulaire alternative (*Th. Pilter*)

Fig. 38. — Pompe aspirante et élévatoire a balancier, installée au milieu d'un puits. — (*Letestu*).

ment circulaire ; ces machines sont désignées sous le nom de *pompes oscillantes* ou de *pompes circulaires alternatives.*

L'organe qui joue le rôle de piston oscille autour d'un axe. L'ancienne pompe de Bramah est en quelque sorte le type de ces machines qui occupèrent certains constructeurs français : MM. Vasselle, Nines, etc. La pompe (fig. 37) se compose d'un corps cylindrique à axe horizontal divisé en deux à sa partie inférieure par une cloison verticale. La pièce qui joue le rôle de piston est rectangulaire et est portée sur un axe horizontal qui passe au travers d'un presse-étoupes et se termine par un levier de manœuvre que l'on aperçoit dans la figure ; le piston porte deux soupapes de refoulement et le tuyau d'aspi-

FIG. 39. — ARBRE-MANIVELLE ET VOLANT, MONTÉS SUR BATIS POUR LA COMMANDE DES POMPES INSTALLÉES DANS LES PUITS PROFONDS

ration qui débouche à droite et à gauche de la cloison verticale précitée, est également garni de deux soupapes d'aspiration. Dans le mouvement alternatif donné au balancier, une extrémité du piston se rapproche de la soupape d'aspiration correspondante pendant que l'autre s'en éloigne et la machine fonctionne comme une pompe à double effet. Le mouvement alternatif du piston peut être donné directement par un balancier comme dans la fig. 37 ou par une bielle et une manivelle comme dans l'ancien modèle de Bramah.

Une pompe oscillante de M. Vasselle a donné le rendement très faible de 0,33 ; un modèle de pompe à incendie, basé sur le même principe, a fourni un rendement de 0,50. La pompe anglaise de Gray est construite d'une façon un peu différente : le corps de pompe est une sphère et le piston est un cercle qui oscille autour d'un diamètre ; cette machine qui a donné un rendement de 0,40 à 0,45 est difficile à démonter pour la visite des soupapes et des garnitures du piston.

FIG. 40. — POMPE ASPIRANTE ET ÉLÉVATOIRE A VOLANT, INSTALLÉE AU MILIEU D'UN PUITS. — (*Letestu*).

FIG. 41. — POMPE ASPIRANTE ET ÉLÉVATOIRE POUR PUITS PROFONDS. — MÉCANISME PLACÉ AU-DESSUS DU SOL. — (*Beaume*).

Le modèle représenté fig. 37 peut s'appliquer contre un mur ou se monter sur un chariot. Ces pompes sont construites de différentes dimensions et peuvent donner de 10 à 100 litres d'eau par minute ; elles sont souvent employées pour le soutirage des boissons. Le piston et les soupapes sont en bronze, l'enveloppe est en fonte ou en bronze.

FIG. 42. — PARTIE INFÉRIEURE DU MÉCANISME DE LA FIGURE 41 ; — COUPE VERTICALE PAR L'AXE DU PUITS.

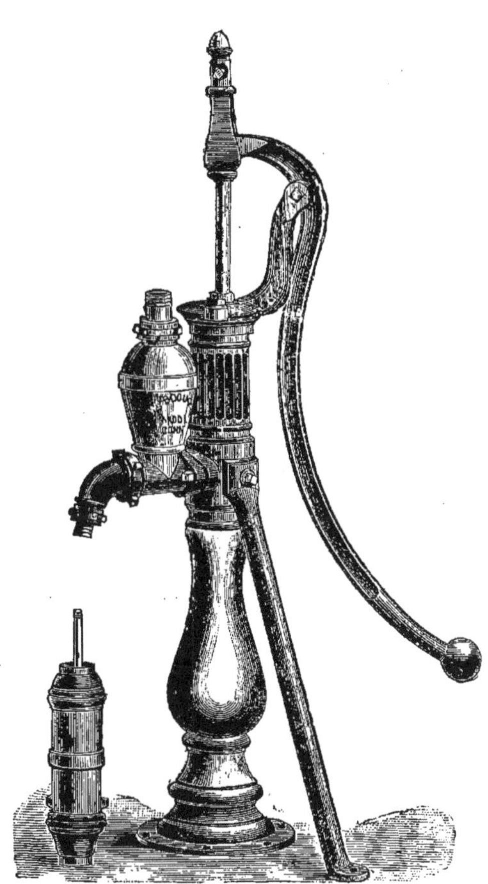

FIG. 43. — POMPE ASPIRANTE ET ÉLÉVATOIRE POUR PUITS PROFONDS ; AVEC CORPS SÉPARÉ, DE W. ET B. DOUGLAS. — (*Th. Pilter*).

Lorsque la hauteur d'élévation dépasse 7 à 8 mètres au maximum, on installe la pompe aspirante et élévatoire dans le puits et on prolonge la tige du piston jusqu'au niveau du sol : la manœuvre a lieu de la partie supérieure du puits, soit à l'aide d'un balancier (fig. 38), soit par l'intermédiaire d'un bâti portant un volant manivelle (fig. 39).

Dans la fig. 40 on remarque bien le contre-poids ajouté au volant, contre-poids qui a pour but de faciliter l'action de l'homme lors du mouvement ascensionnel du piston, c'est-à-dire pendant la période de travail de la machine ainsi que cela a été expliqué à l'introduction de ce paragraphe.

Lorsque le puits atteint au maximum 25 mètres de profondeur, on peut employer avantageusement les dispositions suivantes (fig. 41). La tige passe au milieu du tuyau de refoulement et descend jusqu'au niveau du corps de pompe généralement installé très près de la surface de l'eau à élever. Dans la machine fig. 42, le corps de pompe est en cuivre et au-dessus se trouve un réservoir de compression chargé de régulariser le débit ; la partie inférieure du tuyau d'aspiration se termine par une crépine.

Dans la pompe de Douglas, analogue à celle décrite précédemment, l'ensemble est en fonte ; la fig. 43 représente une de ces machines et le corps de pompe détaché est indiqué sur la gauche de la figure. Au-dessus du dégorgeoir se trouve le réservoir de compression ; une pièce inclinée joue le rôle de jambe de force et contribue à donner de la solidité à la borne qui constitue la partie supérieure de la pompe.

Nous réservons à un chapitre spécial l'examen de ces pompes mues par une courroie.

Voici quelques indications relatives aux dimensions respectives du corps de pompe et des tuyaux :

Diamètre du piston et des tuyaux

Pompe siphon

(Beaume, figures 28 et 29)

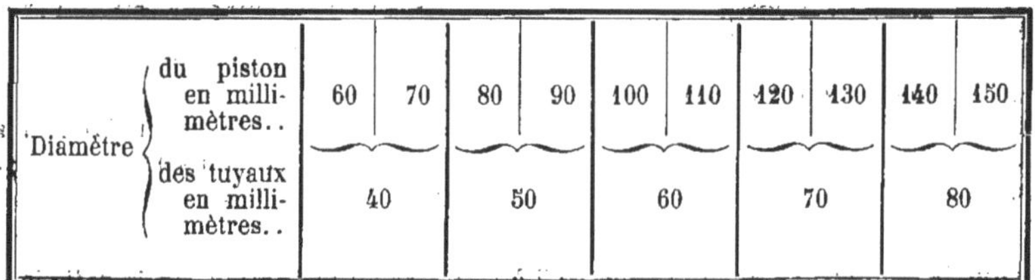

Diamètre										
du piston en millimètres..	60	70	80	90	100	110	120	130	140	150
des tuyaux en millimètres..	40		50		60		70		80	

Les chiffres suivants sont relatifs au débit des pompes Douglas (figure 35) :

Diamètre du piston.	0m064	0m082	0m100
Débit moyen par minute en litres.	20	45	60
Diamètre des tuyaux d'aspiration . .	0m027	0m033	0m040
Diamètre des tuyaux de refoulement.	0m021	0m027	0m040

Dimensions des pompes circulaires alternatives

De Th. Pilter, figure 37.

DIAMÈTRE INTÉRIEUR DU CORPS DE POMPE	LARGEUR DU PISTON	DIAMÈTRE DU TUYAU D'ASPIRATION ET DE REFOULEMENT	DÉBIT MOYEN PAR MINUTE
0m104	0m055	0m015	10 litres
0.118	0.067	0.021	20 —
0.130	0.070	0.027	30 —
0.150	0.080	0.033	40 —
0.180	0.080	0.033	55 —
0 210	0.075	0.040	70 —
0.390	0.100	0.050	100 —

4. — Pompes aspirantes et foulantes

Nous avons vu que les pompes aspirantes et foulantes sont celles dans lesquelles le piston est plein.

Pendant une course, la course ascendante par exemple, le piston aspire le liquide ; pendant la course descendante, il refoule le liquide aspiré précédemment.

Les pistons, dans ces pompes, sont généralement formés d'un *cuir embouti* maintenu entre deux plaques fixées à l'extrémité de la tige du piston. Dans les pompes à double effet, le piston est composé de deux cuirs emboutis opposés l'un à l'autre.

Les pompes aspirantes sont à *simple effet* lorsque le piston n'agit que sur une de ses faces, de sorte que l'aspiration et le refoulement se produisent alternativement et d'une façon intermittente : pendant le mouvement d'élévation du piston, il y a aspiration ; pendant le mouvement inverse il y a refoulement.

Le dessin représenté par la figure 44 indique bien la transition entre les pompes foulantes (page 21) et les pompes aspirantes et foulantes, que nous étudions dans ce paragraphe.

La machine est analogue à la pompe Faul, dont la coupe est indiquée par la figure 15, page 22 ; la lanterne d'aspiration n° 13, au lieu de plonger dans le liquide (comme dans la figure 16, page 23), se continue par le tuyau d'aspiration représenté obliquement dans la figure 44. Le cylindre est ouvert à la partie supérieure ; lorsque le piston s'élève il y a aspiration, lorsqu'il s'abaisse il produit le refoulement dans le tuyau vertical. Nous n'insisterons pas plus longuement sur le principe de fonctionnement de la machine figure 44 dont le piston est manœuvré par l'intermédiaire d'un balancier.

La fig. 45 représente une de ces pompes aspirantes et foulantes à simple effet : il n'y a qu'un seul cylindre ouvert à la partie supérieure. Le piston, dont la course est verticale, est mis en mouvement par un balancier horizontal, articulé par l'intermédiaire d'une petite bielle à la partie supérieure du réservoir de refoulement. L'ensemble est monté sur une légère brouette.

Pour atténuer l'intermittence dans le jet, on est conduit à adopter un grand réservoir de compression, ou, ce qui est préférable, à employer des pompes à double piston, ainsi que l'indique la fig. 46. Mais dans ce cas, on commande les deux tiges des pistons par un balancier terminé de chaque côté par des poignées.

On voit sur la fig. 46, en C les corps de pompe ; en A le réservoir de compression ; en B le bouchon de visite ; en f les tiges filetées qui maintiennent les corps de pompe.

Dans ces pompes système Beaume (brevet de 1883), le démontage est instantané ; il est bien représenté dans le détail fig. 47. Le corps de pompe C est à joint à emboitement avec la culotte d'aspiration ; le joint est rendu étanche par une rondelle en caoutchouc. En f et en f' sont des boulons dits de tirage ;

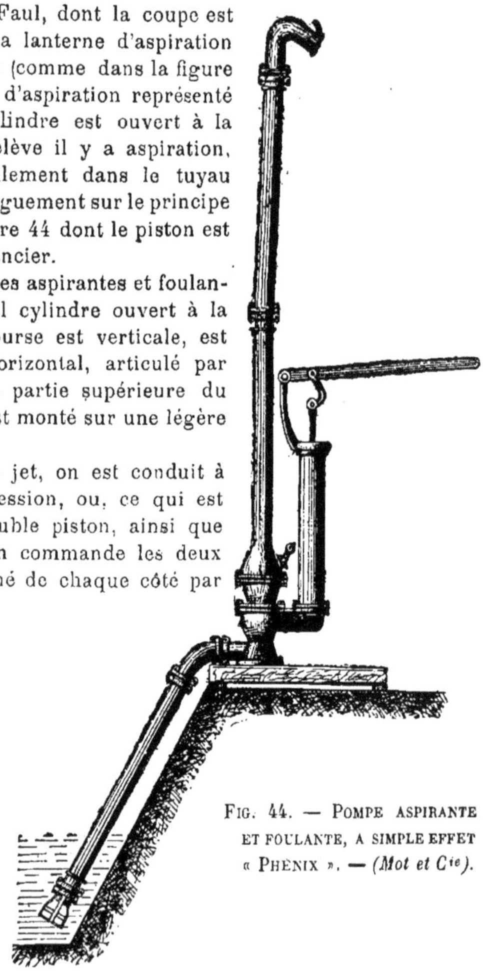

Fig. 44. — Pompe aspirante et foulante, a simple effet « Phénix ». — *(Mot et Cie).*

ils sont montés à charnières. Ces boulons de tirage servent, avec les clavettes e et e', à retenir le corps de pompe sur sa base. L'extrémité inférieure des boulons de tirage est reliée avec des leviers à excentrique L et L'.

FIG. 45. — POMPE ASPIRANTE ET FOULANTE A SIMPLE EFFET, MONTÉE SUR CHARIOT. — (*Noël*)

Pour démonter la pompe, on redresse les leviers L et L' qui par leur excentricité permettent de retirer les tiges f et f'; en enlevant les clavettes e et e', chaque corps de pompe devient libre et peut prendre la position indiquée dans la fig. 47. On peut ainsi visiter et nettoyer facilement le corps de pompe, le piston et le clapet d'aspiration S. La visite des soupapes de refoulement a lieu par le bouchon de visite V, en desserrant la vis à béquille et en enlevant la goupille g. En T est le balancier de la pompe, lequel est monté à coulisseau afin de pouvoir être facilement enlevé.

La figure 48 donne le dessin d'une pompe à deux corps et à pistons plongeurs. Entre les cylindres se trouve le réservoir de compression dont la partie supérieure soutient l'articulation du balancier.

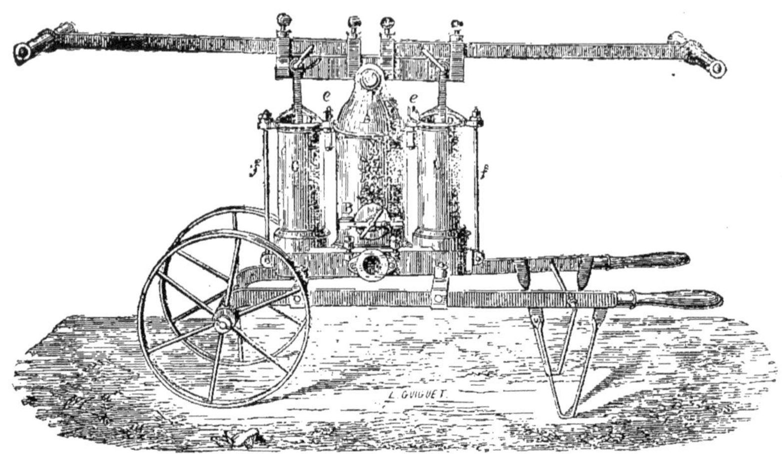

Fig. 46. — Pompe aspirante et foulante, composée de deux corps a simple effet. — (*Beaume*)

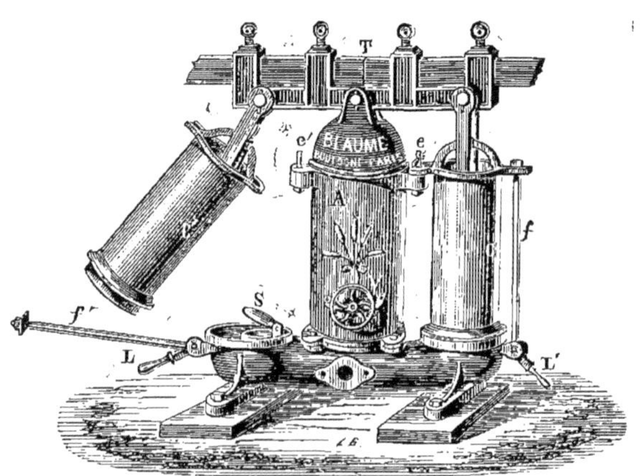

Fig. 47. — Détails du montage de la pompe figure 46

Au lieu d'employer deux corps de pompe accouplés et à simple effet, afin de diminuer le volume de la machine, on fut conduit à n'employer qu'un seul piston qui agissait sur chacune de ses deux faces, et l'on arriva ainsi aux pompes à *double effet*.

Dans ces pompes, lorsque, par exemple, le piston s'élève, sa face inférieure aspire et sa face supérieure refoule ; lorsque le piston s'abaisse, la face inférieure refoule l'eau aspirée précédemment et la face supérieure aspire à son tour ; il s'en suit qu'à chaque coup double du piston (aller et retour), il y a deux aspirations et deux refoulements ; aussi, l'aspiration et le refoulement présentent-ils peu d'intermittence, ils sont presque continus, les chocs sont diminués ou atténués et le rendement de la pompe est plus élevé.

Dans ces machines à double effet, il y a nécessairement quatre clapets ou soupapes : deux pour l'aspiration et deux pour le refoulement. Dans quelques modèles le piston est disposé horizontalement.

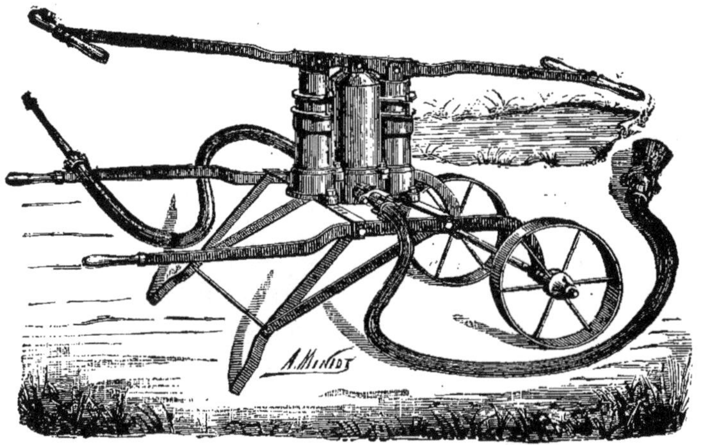

FIG. 48. — POMPE ASPIRANTE ET FOULANTE A PISTONS PLONGEURS. — (*Broquet*)

La fig. 49 représente une de ces fortes pompes montée sur un chariot. Le corps de pompe en cuivre est enfermé dans un bâti en fonte qui porte latéralement la boîte à clapets et le réservoir de refoulement ; Deux volants à vis permettent d'ouvrir la boîte à clapets et de la visiter. Le balancier horizontal est articulé directement sur la tête de la tige du piston et le mouvement rectiligne de cette dernière est assuré par une petite bielle en fonte qui réunit le balancier au bâti de la machine. On distingue nettement sur la figure le tuyau d'aspiration qui part du bas de la pompe, et le tuyau de refoulement qui débouche de la partie inférieure du réservoir d'air.

On voit sur la figure 50 la pompe dite « Gloutonne » en fonctionnement : le détail de cette pompe est indiqué dans la figure 51, le réservoir de refoulement R étant supposé renversé pour le nettoyage.

Le corps de pompe est en D ; la partie inférieure communique directement avec la boite à clapets par la lumière B ; la partie supérieure communique avec l'autre lumière B' par l'intermédiaire du tube vertical E ; les deux sphères inférieures en caoutchouc C' C'' sont les clapets d'aspiration, les deux autres supérieures sont ceux de refoulement. Les plaques qui forment sièges aux clapets sont en bronze. Pour visiter l'intérieur de cette pompe, on dévisse l'un des boulons F et l'on renverse la chambre d'air R sur l'autre boulon ; la plaque qui soutient les deux clapets de refoulement s'enlève à la main et facilite ainsi les nettoyages.

FIG. 49. — POMPE ASPIRANTE ET FOULANTE A DOUBLE EFFET. — *(Noël)*

Voici quelques chiffres que nous avons recueillis sur la pompe la Gloutonne (concours régional agricole de Clermont-Ferrand 1886) :

Diamètre du piston.	0,138
Course du piston	0,160
Nombre d'homme employé	1
Hauteur totale d'élévation de l'eau	2m 20
Temps employé	6' 45"
Litres d'eau élevés pendant l'essai.	440
Débit de la pompe ramené en litres élevés par minute à un mètre de hauteur.	143,3

FIG. 50. — POMPE ASPIRANTE ET FOULANTE A DOUBLE EFFET « LA GLOUTONNE » EN FONCTIONNEMENT. — *(Beaume)*

Dans certains modèles bien conditionnés, au lieu d'avoir des tiges à écrous F comme dans la figure 51, les joints sont montés avec des leviers à excentrique ainsi qui cela a été détaillé à propos du dessin représenté figure 47.

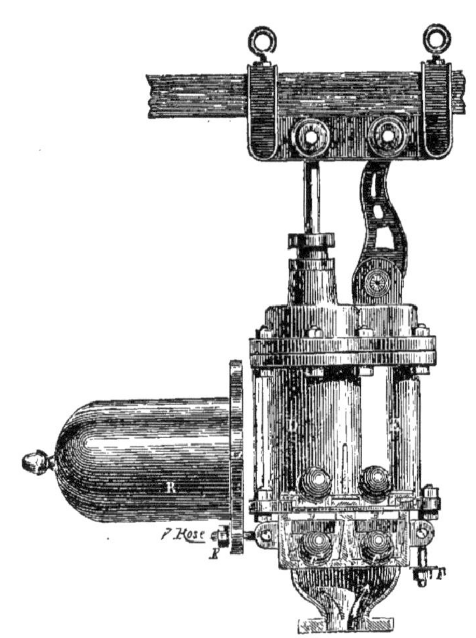

FIG. 51. — DÉTAILS DU MONTAGE DE LA POMPE FIGURE 50

La figure 52 donne la vue d'ensemble en fonctionnement d'une pompe aspirante et foulante à double effet, montée sur brouette.

Les machines que nous venons de passer en revue possèdent un corps de pompe séparé de la boîte à clapets et du réservoir de compression ; dans d'autres modèles, le tout ne forme qu'un seul ensemble et c'est dans cette catégorie qu'il convient de ranger la pompe de Debray, dite la *sans-pareille.*

Dans cette machine, le corps de pompe est enfermé excentriquement dans un gros cylindre qui forme bâti à la machine proprement dite ; ce cylindre joue en même temps le rôle de réservoir de compression. Pour faciliter la visite du mécanisme intérieur, le couvercle du cylindre est relié avec la plaque de fondation par deux entretoises serrées par des tiges filetées ; il suffit de desserrer les écrous pour enlever ces entretoises et rendre libre le fond supérieur du cylindre.

Voici quelques renseignements que nous avons recueilli sur la pompe *sans-pareille* aux essais qui ont eu lieu au Concours régional agricole de Clermont-Ferrand en 1886 :

Diamètre du piston	0,170
Course du piston	0,18
Nombre d'hommes employés	2
Hauteur totale de l'élévation de l'eau	2^{m}20
Temps employé	5'45"
Litres d'eau élevés pendant l'essai	1000
Débit de la pompe ramené en litres élevés à un mètre de hauteur, par minute et par homme	199,7

Les figures précédentes (46-48-49-50) montrent des pompes dont les pistons sont commandés par des balanciers horizontaux, dont les bras sont de même longueur ; lorsque le travail de la pompe exige deux hommes, on en place un à chaque extrémité du balancier ; lorsqu'il faut plusieurs hommes, on muni l'extrémité du balancier de poignées plus ou moins longues ainsi que le représente la figure 46. — Mais lorsque les pompes ne doivent fonctionner qu'à l'aide d'un seul homme, il convient d'avoir un balancier à bras inégaux : on agit à l'extrémité du plus long bras, l'autre étant garni d'un contre-poids en fonte ainsi que l'indiquent les figures 45 et 52.

Fig. 52. — Pompe aspirante et foulante a double effet. — (*Broquet*)

Les pompes aspirantes et foulantes sont très employées pour le transvasement des boissons (vins, cidres, etc.) mais en général, pour les manutentions de ces liquides, on donne la préférence à des machines munies d'un volant ; ces pompes à volant sont très douces de fonctionnement. Les pompes à bras employées dans les chais sont locomobiles ; elles sont portées par un léger chariot ordinairement à deux roues et l'ensemble doit être assez étroit pour pouvoir facilement passer entre deux files de tonneaux ; enfin, ces pompes ne

FIG. 53. — POMPE A VINS A PISTON VERTICAL. — (*Noël*)

doivent pas avoir de fuites, car le liquide qu'elle manipule est assez coûteux ; elles doivent refouler à des hauteurs ne dépassant pas 5 à 6 mètres au plus, comme dans les grands foudres, ou à des hauteurs de 3 ou 4 mètres comme pour les barriques gerbées en troisième.

Ces pompes désignées d'une façon générale sous le nom de *pompes à vins*, sont montées à piston vertical ou horizontal. La figure 53 représente un modèle du premier type : le volant est fixé à l'extréminé d'un arbre horizontal porté par deux coussinets ; un vilebrequin transmet par l'intermédiaire d'une bielle le mouvement à la tige du piston dont la tête est guidée par une glissière. On voit en arrière la boite à clapets surmontée du réservoir de refoulement. Des vis à volant permettent de démonter rapidement la boîte à clapets; elles sont montées de la même façon que celles de la figure 49. — Le tuyau d'aspiration part de la partie inférieure de la machine ; il est terminé par un tuyau droit en cuivre que l'on plonge dans les barriques à vider.

FIG. 54. — POMPE A VINS A PISTON HORIZONTAL « LA VITICOLE ». — *(Beaume)*

La figure 54 représente une pompe à vins dans laquelle le piston est disposé horizontalement. Le vilebrequin de l'arbre commande par une bielle l'extrémité d'un balancier vertical ; l'autre extrémité de ce balancier est reliée à la tête de la tige du piston et son axe est porté par une autre petite bielle articulée sur le bâti de la pompe. — On voit en P le tuyau plongeant qui se prolonge par le tuyau d'aspiration A et en R le tuyau de refoulement.

FIG. 55. — POMPE A VINS « L'EXCELLENTE ». — (*Beaume*)

La figure 55 représente la pompe l' « *Excellente* » du même constructeur, établie surtout en vue de supprimer la bille et le vilebrequin de l'arbre. Le cylindre est horizontal. La tige du piston est mise en mouvement alternatif par une double crémaillère entrainée par un pignon denté sur la moitié de sa conférence ; cette disposition assure au piston une vitesse uniforme pendant toute la durée de sa course. Le pignon est claveté sur l'arbre horizontal qui porte le volant-manivelle. Les deux clapets d'aspiration et les deux clapets de refoulement sont montés dans une même boite supportant le réservoir de compression et de la même façon que la « *Gloutonne* » dont le détail a été indiqué par la figure 51. La vis à volant placée à l'arrière permet d'enlever le fond du cylindre. L'ensemble est monté sur une plaque tournante fixée à la partie supérieure d'un petit bâti en forme de trépied ; le bâti est boulonné sur un petit chariot à timon porté par deux roues. La disposition à plaque tournante permet de placer la pompe dans une direction voulue, sans avoir besoin de bouger le chariot, ce qui permet de la faire fonctionner dans un endroit quelconque.

Voici quelques renseignements relatifs à la pompe l'*Excellente* :

Numéro de la pompe	1	2	3
Nombre de tours du volant, par minute	70	60	60
Débit en litres, à l'heure, à la vitesse précédente. . .	3000	4500	6000

Ces pompes, mais de dimensions plus réduites, sont employées pour l'arrosage des jardins ; — dans ce cas elles sont généralement mues par un balancier et sont montées sur un léger chariot métallique.

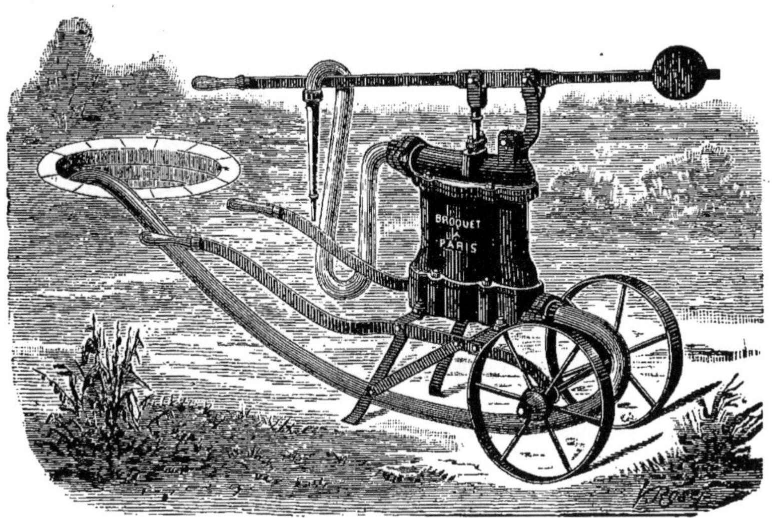

FIG. 56. — POMPE ASPIRANTE ET FOULANTE A DOUBLE EFFET — (*Broquet*)

La figure 56 représente une de ces pompes à piston vertical ; la poignée du balancier se manœuvre de haut en bas et le balancier est équilibré par un contre-poids.

Dans la figure 57, le corps de pompe est horizontal et la poignée du balancier se manœuvre horizontalement, en l'éloignant ou en la rapprochant de la machine On voit très nettement dans le dessin les deux lumières d'aspiration et de refoulement qui débouchent à chaque fond du cylindre. Les clapets en caoutchouc, au nombre de quatre, peuvent se visiter à l'aide de regards fermés par des disques circulaires garnis d'une rondelle de caoutchouc ; les disques sont réunis par paire et sont maintenus par deux entretoises serrées chacune par un petit volant à vis. Les deux conduits d'aspiration se réunissent en un seul, ainsi que ceux de refoulement qui sont surmontés du réservoir d'air.

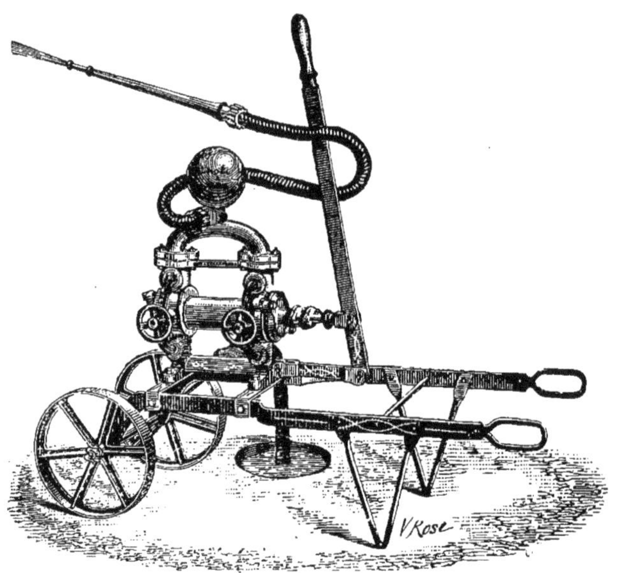

FIF. 57. — POMPE A DOUBLE EFFET, A PISTON HORIZONTAL. — (*Noël*)

Je donne ci-dessous quelques renseignements sur deux pompes à double effet (chiffres recueillis aux essais du Concours régional agricole de Clermont-Ferrand 1886).

1° *Pompe Palau*

Dite la « Fertilisante »

Diamètre du piston	0,140
Course du piston	0,120
Nombre d'hommes employés.	2
Hauteur totale de l'élévation de l'eau.	2m30

Temps employé	3'30"
Litres d'eau élevés pendant l'essai	440
Débit de la pompe ramené en litres élevés par minute à un mètre de hauteur par homme	94,7

2° *Pompe Debray*

(Sur brouette)

Diamètre du piston	0,120
Course du piston	0,135
Nombre d'homme employé	1
Hauteur totale d'élevation de l'eau	2m20
Temps employé	5'00"
Litres d'eau élevés pendant l'essai	220
Débit de la pompe ramené en litres élevés par minute à un mètre de hauteur	96,8

Fig. 58. — Pompe et tonneau d'arrosage. — (*Noël*)

Pour pouvoir arroser à une certaine distance des citernes, sans avoir un long tuyau d'aspiration, on a monté sur le chariot des pompes un réservoir en tôle, ainsi que l'indique la figure 58 (la pompe proprement dite est la même que celle de la figure 57). — La manœuvre se fait de la façon suivante : on commence par remplir le tonneau en pompant dans la citerne ; puis arrivé à l'endroit ou l'on doit arroser, on met le tuyau d'aspiration dans le tonneau.

Les tonneaux ont généralement la forme d'un cylindre dont l'axe est horizontal. — Souvent ont met le cylindre de telle façon que le grand axe soit perpendiculaire à l'essieu Mais il vaut mieux placer l'axe du cylindre parallèlement et au-dessus de l'essieu ainsi que le représente la figure 58 ; cette disposition diminue le clapotement de l'eau lors du transport du tonneau.

Ces tonneaux cubent environ un hectolitre d'eau.

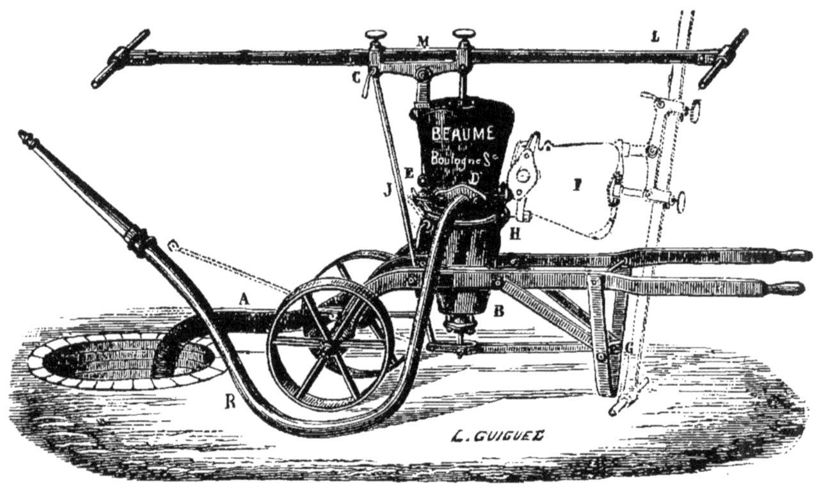

FIG. 59. — POMPE GIRODIAS, A DOUBLE PISTON DANS LE MÊME CYLINDRE

Enfin nous terminerons la série des pompes aspirantes et foulantes, à bras, par les machines à double pistons placés dans le même cylindre et nous prendrons comme type la pompe Girodias donnée par la figure 59.

Dans cette machine le corps de pompe vertical est parcouru par deux pistons animés chacun d'un mouvement en sens inverse de l'autre. La tige du piston supérieur est directement articulée au balancier L, la tige de l'autre piston sort en B, elle est reliée à un balancier horizontal (dont l'articulation est en G) commandé par la tringle J articulée en C, de telle sorte que les deux pistons s'éloignent et se rapprochent du milieu du corps de pompe ; lorsqu'ils se rapprochent, ils produisent le refoulement. Le tuyau d'aspiration A et celui de refoulement R débouchent au milieu de la machine.

La partie supérieure de la pompe a la forme d'une poire et constitue le réservoir de refoulement dont on voit le raccord du tuyau en D. — Pour visiter l'intérieur de cette pompe, il suffit de relever la poignée du boulon E qui se dégage ; le joint de la poire avec la partie inférieure du corps de pompe B étant libre, on défait la poignée C et on bascule l'ensemble autour du boulon H de façon à lui faire prendre la position F indiquée en pointillé sur la figure 59.

Cette pompe est à double effet, mais lorsqu'il n'y a qu'un seul homme pour pomper on la transforme en pompe à simple effet en immobilisant le piston inférieur : il suffit alors de retirer l'axe à poignée C et la tringle J, et pour la facilité de la manœuvre on tire complètement d'un côté le balancier M L ; dans le cas de cette transformation, tout l'effort à exercer n'a lieu qu'en appuyant sur la poignée du balancier.

La pompe est munie d'un réservoir d'air à l'aspiration, disposition qui évite les coups de bélier dans le tuyau correspondant.

Voici quelques renseignements concernant la pompe Girodias, que nous avons recueillis lors des essais du Concours régional agricole de Clermont-Ferrand en 1886 :

Diamètre du piston	0,150
Course du piston supérieur	0,105
Nombre d'homme employé	1
Hauteur totale d'élévation de l'eau.	2m20
Temps employé	3'15"
Litres d'eau élevés pendant l'essai.	360
Débit de la pompe ramené en litres élevés par minute à un mètre de hauteur	242

Pour les puits profonds, on peut employer la pompe aspirante et foulante à double effet du système Hawkeye représentée par la figure 60 ; l'ensemble repose sur le puits par un socle, une jambe de force latérale consolide la machine ; la tige du piston descend dans le puits où se trouve le cylindre garni intérieurement de porcelaine. Il y a un ou deux tuyaux de refoulement munis d'un robinet à trois eaux que l'on peut manœuvrer de la surface du sol à l'aide d'une tringle à poignée. Ce robinet permet de faire un branchement sur la conduite de refoulement : l'eau peut être élevée au-dessus du niveau du dégorgeoir pour être conduite à volonté dans plusieurs directions différentes.

La figure 61 représente le corps d'une pompe spéciale pour puits profond ; ce corps de pompe analogue au précédent peut être placé sous une colonne comme celle indiquée figure 41 pour les pompes aspirantes et élévatoires.

Dans les machines Hawkeye, le diamètre du corps de pompe est de 0m 75 et le diamètre des tuyaux (aspiration et refoulement) 33 millimètres.

On construit des pompes aspirantes et foulantes à diaphragme. Dans la pompe Noël (modèle 1888) figure 62, le piston est constitué par un diaphragme en caoutchouc serré sur sa périphérie ; ce piston sépare en deux parties le corps de pompe formé par un cylindre horizontal. Le centre du piston est relié à une tige horizontale qui passe au travers d'un presse-étoupes et est articulée à un levier de manœuvre. En donnant un mouvement alternatif à ce levier, on rapproche et on éloigne le piston de chaque fond du corps de pompe et l'on produit un refoulement d'un côté et une aspiration de l'autre côté du diaphragme : la pompe est donc à double effet. Une boite à clapets latérale surmontée du réservoir d'air reçoit les deux tuyaux d'aspiration et de refoulement comme dans les pompes ordinaires.

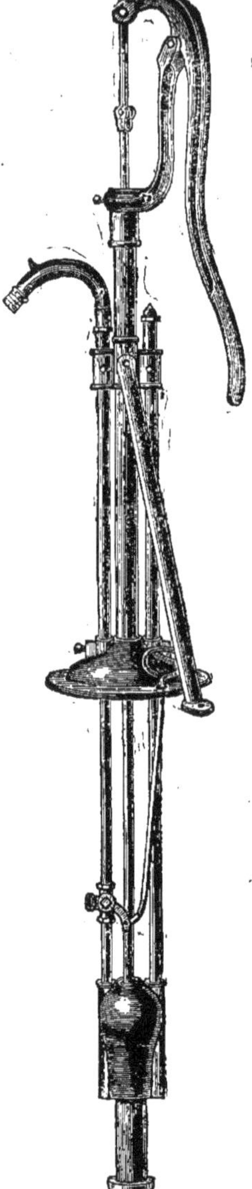

Fig. 60. — Pompe aspirante et foulante a double effet Hawkeye. — (*Th. Pilter*).

Fig. 61. — Corps de pompe Hawkeye pour puits profonds.

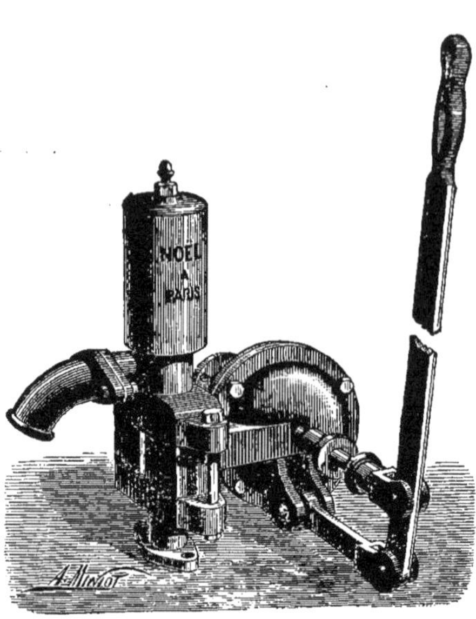

Fig. 62. — Pompe aspirante et foulante a diaphragme, a double effet. — (*Noël*)

5. — Pompes à piston à manège

Lorsque la quantité d'eau à élever dans un temps donné devient importante, on est obligé de remplacer le travail de l'homme par celui des animaux domestiques ; c'est ce qui amèna les constructeurs à établir des pompes à piston actionnées par des manèges.

Ces pompes à manèges peuvent se classer en deux groupes :

1° Les machines fixes;
2° Les machines locomobiles.

Les pompes établies à poste fixe se placent ordinairement dans un puits et ont quelquefois une grande hauteur d'aspiration, tandis que les machines locomobiles sont plutôt établies pour le refoulement et n'aspirent qu'à une faible profondeur.

Nous allons passer successivement en revue ces deux groupes de pompes.

A. — Pompes fixes

Le manège est le plus ordinairement du type dit à terre. La grande couronne dentée reliée à la flèche, actionne, par l'intermédiaire d'un pignon cône, un arbre horizontal qui tourne au-dessous de la surface du sol ; cette disposition est d'ailleurs très nettement représentée par la figure 63.

L'arbre de couche porte à son extrémité placée au-dessus de l'orifice du puits, des manivelles en nombre correspondant aux corps de pompes ; souvent il y a trois corps de pompe et les trois manivelles de l'arbre à vilebrequins sont fixées à 120 degrés. Dans d'autres dispositions, on remplace les manivelles par des excentriques calés sur l'arbre, — les excentriques évitant les coudes brusques de l'arbre sont de nature à assurer la solidité de cette pièce, mais ils présentent un peu plus de complication. Lorsqu'il y a deux corps de pompe, les manivelles sont diamétralement opposées.

Les manivelles sont reliées par des tringles aux tiges des pistons qui se meuvent dans le plan vertical. L'ensemble de la pompe est fixé sur une charpente encastrée dans la maçonnerie du puits.

Lorsque le puits est profond et que les tringles sont longues, il est recommandable de les faire agir lors de leur mouvement ascensionnel — dans ce cas elles travaillent à l'extension ; si l'on ne fait pas attention à cette disposition et si l'on fait travailler les tiges à la compression, pendant leur mouvement d'abaissement, elles fléchissent et se tordent ; aussi pour les maintenir on les fait passer dans des glissières, qui absorbent évidemment une certaine quantité du travail mécanique fourni par le moteur.

Une très bonne disposition consiste à employer des pompes foulantes comme celles appelées « propulseurs » qui ont été décrites à la page 25. La figure 19 représente la coupe d'un des trois corps de pompe, et la tige B qui commande le piston C est reliée à l'arbre-manivelle ; comme on le voit la tige B ne travaille que dans le mouvement ascensionnel pour faire remonter le piston C, qui refoule l'eau du corps de pompe A dans la cloche D

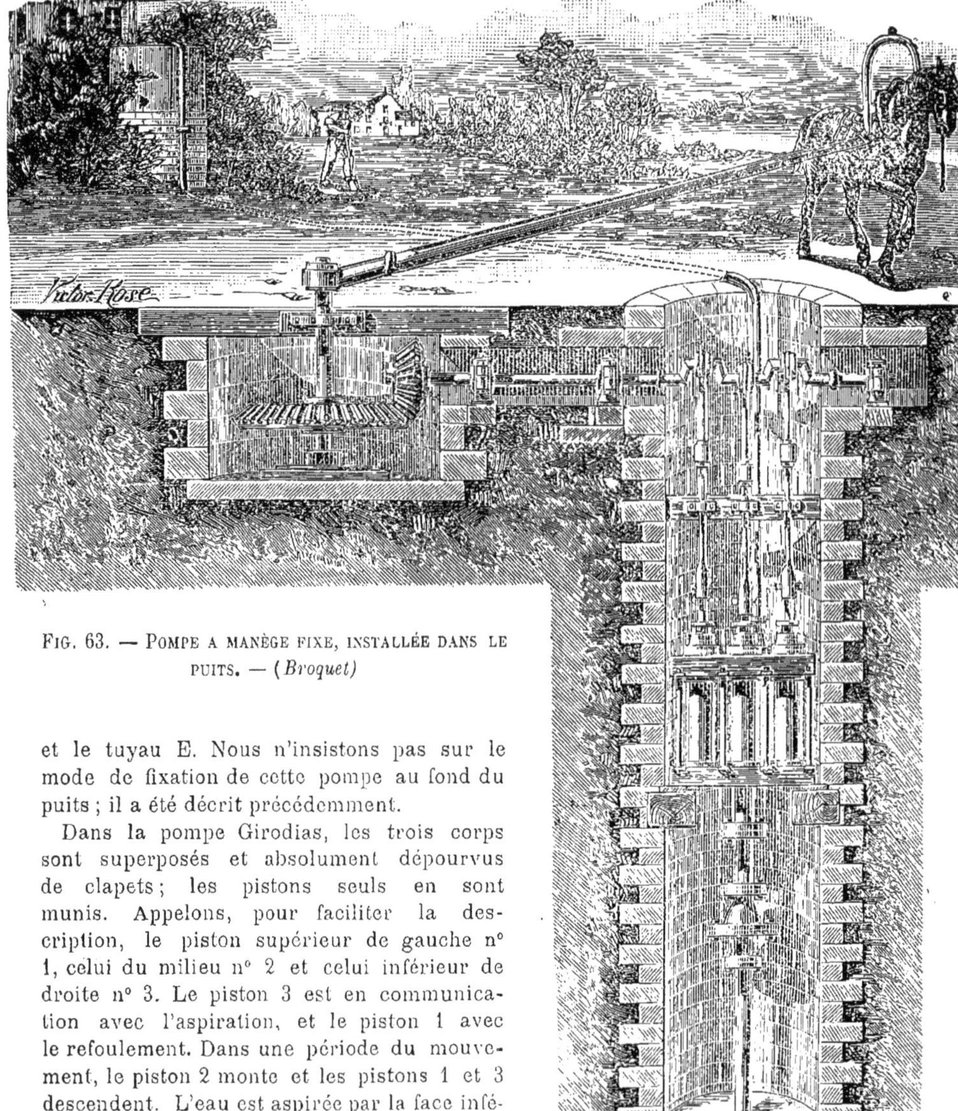

FIG. 63. — POMPE A MANÈGE FIXE, INSTALLÉE DANS LE PUITS. — (*Broquet*)

et le tuyau E. Nous n'insistons pas sur le mode de fixation de cette pompe au fond du puits ; il a été décrit précédemment.

Dans la pompe Girodias, les trois corps sont superposés et absolument dépourvus de clapets ; les pistons seuls en sont munis. Appelons, pour faciliter la description, le piston supérieur de gauche n° 1, celui du milieu n° 2 et celui inférieur de droite n° 3. Le piston 3 est en communication avec l'aspiration, et le piston 1 avec le refoulement. Dans une période du mouvement, le piston 2 monte et les pistons 1 et 3 descendent. L'eau est aspirée par la face inférieure du piston 2, et l'aspiration passe au travers de la soupape du piston 3; en même temps l'eau est refoulée par la face supérieure du piston 2 et passe au travers de la soupape du piston 1. — Dans la période suivante, les pistons 1 et 3 montent et le piston 2 descend; l'eau est aspirée par la face inférieure du piston 3, en même temps que sa face supérieure refoule (au travers du piston 2 dont la soupape est soulevée), dans le corps de pompe 1; la face supérieure du piston 1 opère le refoulement. On voit qu'avec cette disposition, l'eau suit continuellement la même direction et s'écoule du tuyau de refoulement en un jet continu; ce qui permet de supprimer le réservoir d'air et évite les coups de bélier. Il n'y a en définitive que trois soupapes fixées chacune à un piston.

On peut établir des pompes Girodias à deux corps seulement, mais dans ce cas, pour un même diamètre de pistons et une même course, le débit est inférieur à la pompe à trois corps; du reste le tableau suivant donne des indications complémentaires à ce sujet :

Pompes Girodias à 2 corps superposés

DIAMÈTRE des PISTONS	DIAMÈTRE des TUYAUX	COURSE maximum du PISTON	NOMBRE de tours par MINUTE	DÉBIT en litres par HEURE
80	30	230	40	4.100
90	40	230	36	5.200
100	50	230	32	6.500
120	65	280	28	11.400
150	80	280	25	17.800
180	110	280	22	25.600

Pompes Girodias à 3 corps superposés

DIAMÈTRE des PISTONS	DIAMÈTRE des TUYAUX	COURSE maximum du PISTON	NOMBRE de tours par MINUTE	DÉBIT en litres par HEURE
80	40	230	40	5.400
90	45	230	36	7.400
100	50	230	32	8 500
120	65	280	28	15 200
150	80	280	25	23.800
180	110	280	22	34.300

Les machines que nous venons de passer en revue sont scellées dans l'intérieur du puits et plus près du fond que de l'ouverture, aussi présentent-t-elles quelques difficultés lors des réparations.

Pour les puits peu profonds, on a été conduit à augmenter la hauteur d'aspiration et à installer la pompe à la surface du sol, au-dessus de l'orifice du puits avec un corps de pompe vertical ou horizontal. Nous pouvons donner comme exemple la figure 64 qui représente la pompe verticale à manège de Noël.

FIG. 64. — POMPE A MANÈGE FIXE, INSTALLÉE AU NIVEAU DU SOL. — (*Noël*)

Dans cette machine, la couronne dentée du manège actionne un pignon calé sur l'arbre à vilebrequin qui commande directement la tige du piston par l'intermédiaire d'une bielle ; sur cet arbre est fixée une roue dentée qui engrène avec un pignon relié à un volant que l'on aperçoit sur la gauche de la figure. Ce volant, tournant plus vite que l'arbre de la pompe, a pour but d'entrer en action lorsque le piston est au point vif et éprouve la plus grande résistance ; en d'autres termes, le volant sert à régulariser le mouvement et à rendre la résistance uniforme ; il concourt donc au bon fonctionnement de la machine.

Nous n'insisterons pas sur le principe de la pompe fig. 64 ; c'est d'ailleurs le même que celui des machines représentées par les figures 49 et 53.

B. — Pompes locomobiles

Dans ces machines, le manège est monté sur le même bâti que la pompe dont le corps est généralement horizontal. Le bâti est porté par un train de quatre roues que l'on cale au moment du travail.

On emploie le plus ordinairement un manège dont la grande roue dentée reliée aux flèches F (fig. 65) par l'intermédiaire d'une douille D, tourne autour d'un axe vertical solidement fixé sur le bâti. Cette grande roue dentée engrène avec deux pignons P qui commandent les tiges des pistons par des bielles et des plateaux-manivelles. Dans la grande pompe représentée figure 65, il y a quatre pistons disposés horizontalement et du type Girodias qui a été décrit précédemment (page 60). On voit en A le tuyau d'aspiration qui communique avec les corps de pompe placés sur la droite de la figure. L'ensemble est monté sur le bâti B en fer à double T et porté par les deux roues d'arrière et l'avant-train T auquel se fixent les limonières L ; le tuyau de refoulement, qui est en R, est placé dans le sol à son passage sous la piste où il est protégé par un petit coffrage en planches.

FIG. 65. — POMPE LOCOMOBILE A MANÈGE, A 4 CORPS. — (*Beaume*)

La figure 66 représente une machine locomobile à manège à un seul corps de pompe, du même constructeur. Dans ce modèle il n'y a aucun engrenage : les flèches F sont fixées dans un boitard relié par une douille D à un disque circulaire E ; la douille D tourne autour d'un axe vertical fixe relié au bâti B. de la machine. Le disque E, qui fait corps avec la douille D est excentrique par rapport à cette dernière ; sur sa circonférence roule un galet G guidé par une glissière inférieure N, de sorte que dans le mouvement circulaire du disque, le galet est animé d'un mouvement rectiligne alternatif : il s'éloigne et se rapproche de l'axe D. Le galet G est relié à la tige du piston J qui se meut dans un grand cylindre horizontal. On voit en A le tuyau d'aspiration, en PH la boîte à clapets, en R le refoulement. Le bâti est porté par quatre roues.

Les pompes de ce genre à un piston peuvent, suivant leurs dimensions, donner de 4 à 8,000 litres d'eau à l'heure. Le modèle précédent, à quatre corps de pompe peut donner de 12 à 18,000 litres à l'heure ; dans les deux cas, les chevaux marchent à raison de cinq tours par minute.

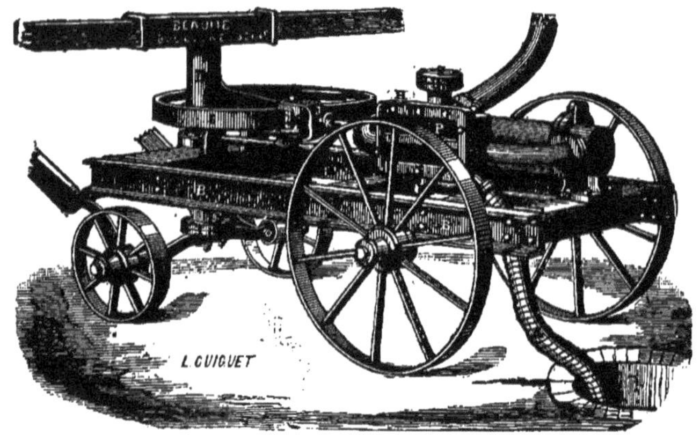

FIG. 66. — POMPE LOCOMOBILE A MANÈGE. — *(Beaume)*

6. — Pompes au moteur à commande par courroie

Les pompes au moteur à commande par courroie sont des pompes aspirantes et élévatoires ou des pompes aspirantes et foulantes à simple ou double effet qui ont été décrites dans les paragraphes précédents, ce qui nous dispensera de revenir sur leur principe de fonctionnement.

Dans ces machines, le corps de pompe est vertical ou horizontal, simple ou accouplé à d'autres corps de pompe semblablement disposés ; chaque tige de piston est mise en mouvement par une manivelle et une bielle, ou par un excentrique qui, monté sur un arbre horizontal reçoit un mouvement de rotation de la part du moteur par l'intermédiaire de deux poulies, l'une fixe, l'autre folle.

La figure 67 représente une pompe aspirante et foulante au moteur. La partie supérieure du bâti de la pompe supporte un long palier horizontal dans lequel se meut un arbre terminé d'un côté par une poulie de commande, et de l'autre par un plateau-manivelle auquel la bielle est fixée. Du côté de la poulie se trouve une manivelle, dans le cas où l'on voudrait faire fonctionner la pompe durant l'arrêt du moteur. La machine porte un socle que l'on boulonne sur un bâti en bois ou sur un léger massif en maçonnerie. Pour assurer la stabilité de l'ensemble, deux tringles en fer formant arcs-boutants sont scellées d'une part dans le bâti et viennent se fixer d'autre part au palier horizontal afin de le soutenir ; ces tringles qui se trouvent l'une à droite, l'autre à gauche de la machine ne sont pas représentées dans le dessin. — Ces pompes fonctionnant à la vitesse de 50 tours donnent de 35 à 80 litres par minute.

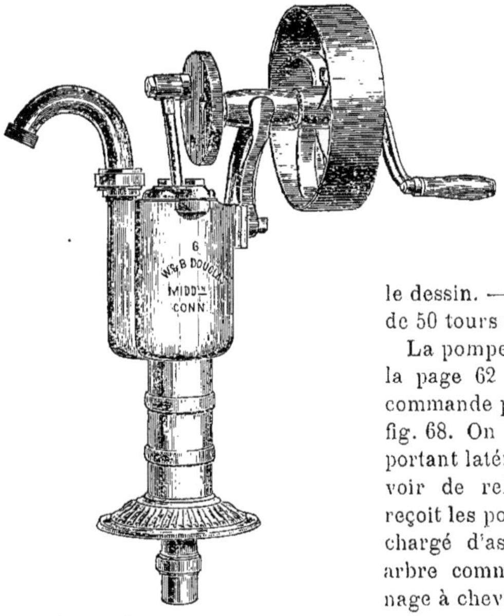

Fig. 67. — Pompe aspirante et foulante au moteur, de Douglas. — (*Th. Pilter*).

La pompe à manège de Noël, qui a été décrite à la page 62 et à la fig. 64, peut être montée avec commande par courroie ainsi que le représente la fig. 68. On y retrouve le corps de pompe vertical portant latéralement la boîte à clapets et le réservoir de refoulement. L'arbre intermédiaire, qui reçoit les poulies fixe et folle, est muni d'un volant chargé d'assurer l'uniformité du mouvement ; cet arbre commande l'arbre-manivelle par un engrenage à chevrons. La tête du piston est guidée dans une glissière cylindrique. L'extrémité de l'arbre intermédiaire repose sur une colonne latérale, fixée au socle qui assure la stabilité de l'ensemble. Cette pompe, aspirante et foulante à double effet, peut débiter jusqu'à 10 mètres cubes à l'heure.

Dans les distilleries, sucreries, féculeries, etc., on emploie des pompes verticales à un ou plusieurs corps, généralement placées contre un mur de l'usine. La figure 69 représente un de ces modèles accouplés. Les pistons, quelquefois du type dit *plongeurs*, sont mis en mouvement par des excentriques calés sur l'arbre intermédiaire qui reçoit les poulies de commande. Le collier de chaque excentrique n'est pas relié d'une façon rigide avec la tête de la bielle correspondante, mais au moyen d'une clavette que l'on peut retirer ou mettre à volonté même en pleine marche, de sorte que l'on n'a pas besoin de débrayer à chaque instant l'arbre intermédiaire ; on peut avec ce dispositif interrompre la marche d'une des pompes sans arrêter le fonctionnement des autres. La figure 69 représente trois corps de pompe indépendants les uns des autres, placés entre les flasques de la machine qui se fixent sur deux semelles en bois ou sur un léger massif en maçonnerie. Ces machines ont une vitesse de 60 tours à la minute et débitent de 3,000 à 3,500 litres à l'heure.

Les figures 70 et 71 s'appliquent à une pompe, dite du type *mural*, utilisée dans les usines. Le corps de la pompe aspirante et foulante est fixé sur un plateau vertical en bois, maintenu contre le mur à l'aide de boulons à scellement. L'arbre-manivelle, muni de ses

FIG. 68. — POMPE AU MOTEUR. — (*Noël*)

poulies de commande tourne dans deux paliers solidaires avec un bâti en fonte qui forme support et que l'on scelle également dans le mur de l'usine ; la poulie fixe est en E et la poulie folle en A. On voit, sur la figure 71, en arrière du réservoir d'air et au-dessus du corps de pompe, la glissière de la tige du piston ; cette tige se termine généralement par une longue bielle commandée par l'arbre supérieur.

Lorsque ces pompes doivent être placées dans un puits, on prolonge la bielle jusqu'au niveau du sol où l'on installe l'arbre et les excentriques.

Le tableau suivant donne des indications relatives à des pompes à trois corps.

Pompes à 3 corps

(*Beaume*)

Numéros des Pompes	Diamètre du Piston	Course du Piston	Diamètre des Tuyaux	Diamètre et largeur des Poulies	Nombre de tours par minute	Débit approximatif à l'heure
						m. cub.
1	0m08	0.20	0.05	0.50 × 0.10	30	5.400
2	0.09	0.20	0.05	0.60 × 0.10	30	6.850
3	0.10	0.20	0.06	0.70 × 0.10	30	8.475
4	0.12	0.25	0.07	0.85 × 0.13	30	15.240
5	0.15	0.25	0.09	1.00 × 0.15	30	23.800

On peut employer avantageusement plusieurs pompes à simple effet accouplées ; la figure 72 représente un de ces modèles de W. et B. Douglas. L'arbre horizontal qui porte les poulies de commande traverse l'enveloppe de la pompe par deux presse-étoupes. A l'intérieur de cette enveloppe débouche la partie supérieure des trois pompes, à simple effet, à axe vertical ; ces trois pompes sont reliées avec le socle qui reçoit le tuyau d'aspiration avec l'enveloppe supérieure, formant réservoir de compression qui porte le raccord du tuyau de refoulement. L'arbre porte trois manivelles calées à 120° les unes des autres. Cette disposition évite les presse-étoupes spéciaux à chaque tige du piston ; l'intérieur peut se visiter en déboulonnant le chapeau. Ces pompes à trois corps de Douglas donnent les débits suivants :

Diamètre des pistons.	0m076	0m100
Nombre de tours par minute. . .	70	70
Débit à la minute.	50 litres	200 litres

Pour les installations importantes, élevant d'énormes masses d'eau à de grandes hauteurs, pour les communes, les grandes propriétés, etc., on fait usage de pompes puissantes à pistons plongeurs. La figure 73 reproduit un modèle de ce genre de machine. On distingue un arbre intermédiaire commandé par courroie et qui, par un pignon et une roue dentée, fait tourner un second arbre parallèle ; cet arbre porte à chaque extrémité un plateau-manivelle ; les bielles sont directement accouplées aux plongeurs. Le tuyau d'aspiration est figuré en pointillé, le tuyau de refoulement s'aperçoit derrière la machine.

Chaque corps de pompe est fixé latéralement au bâti central en fonte qui porte à sa partie supérieure les paliers dans lesquels tournent les arbres. Voici quelques renseignements sur la pompe représentée par la fig. 73 :

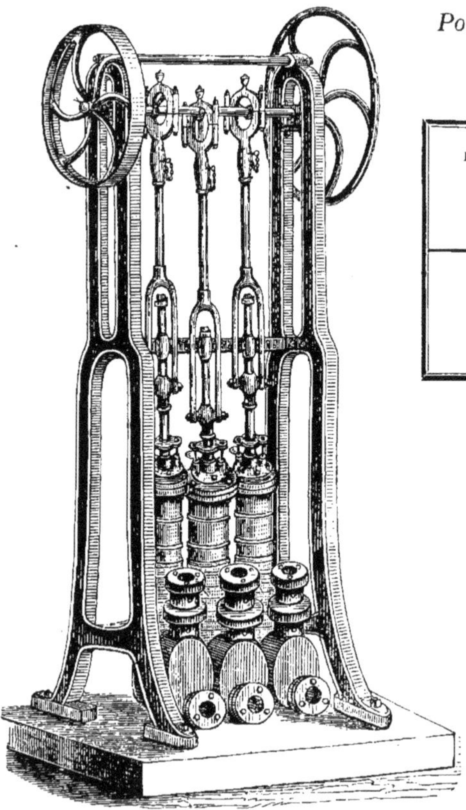

FIG. 69. — POMPES ACCOUPLÉES POUR USINE AGRICOLE
(Adrien Senet)

Pompes au moteur à pistons plongeurs

Société française de Matériel agricole

DIAMÈTRE des Plougeurs	COURSE des Plongeurs	LITRES à élever par heure
165 mil.	270 mil.	20.000
185 —	300 —	25.000
215 —	350 —	35.000
230 —	350 —	40.000

Lorsque les pompes dépassent certaines dimensions, on a intérêt, au point de vue de la stabilité du mécanisme, à les disposer horizontalement ; le corps de pompe est alors boulonné sur un socle en fonte qui reçoit à l'avant les poulies de l'arbre horizontal.

La figure 74 représente un de ces modèles américains de Douglas. La commande du piston a lieu par une manivelle qui, tout en tournant, se meut dans une coulisse verticale reliée à la tige de la pompe ; cette coulisse est guidée par une glissière inférieure. Le piston a 14 centimètres de diamètre et la pompe, à la vitesse de 70 tours par minute, débite, dans le même temps, 140 litres d'eau.

On commande souvent la pompe par un exentrique calé sur l'arbre horizontal, comme dans les machines Beaume, dont voici quelques renseignements :

Pompes horizontales sur bâti

(Beaume)

Numéros des Pompes	DIAMÈTRE du Piston	COURSE du Piston	DIAMÈTRE des Tuyaux	Nombre de tours par minute	DÉBIT approximatif à l'heure
					m. cub.
3	0m100	0m120	0m05	50	5.600
4	0.140	0.150	0.06	40	11.000
6	0.150	0.250	0.10	30	15.800
7	0.200	0.250	0.11	30	28.000

Fig. 70. — Support a scellement pour commande de pompes murales. — *(Ahlborn)*.

Lorsque l'on commande la pompe directement, comme dans la figure 74, avec l'arbre horizontal en avant du presse-étoupe, la machine nécessite un grand emplacement quand le corps de pompe atteint certaines dimensions. Aussi pour les pompes à grand débit a-t-on intérêt, dans certains cas, lorsque l'on dispose de très peu de place, à employer la disposition représentée par la figure 75.

Fig. 71. — Pompe murale pour usine agricole. *(Ahlborn)*

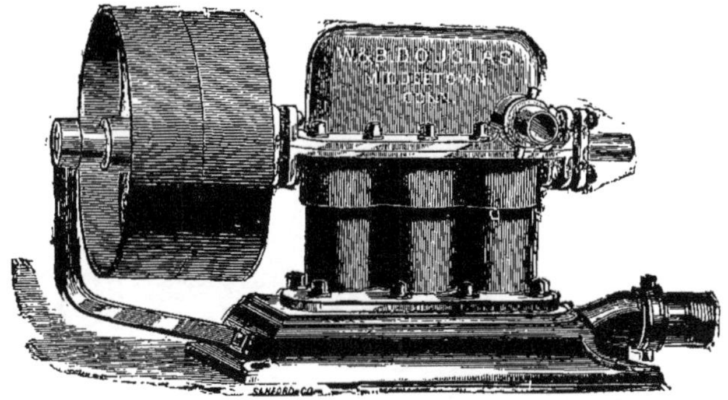

Fig. 72. — Pompe au moteur, a trois corps verticaux a simple effet *(Douglas-Pilter)*

On voit sur la gauche de la figure 75, un arbre horizontal inférieur qui porte d'un côté les deux poulies de commande et de l'autre un pignon qui engrène avec une roue dentée, calée sur

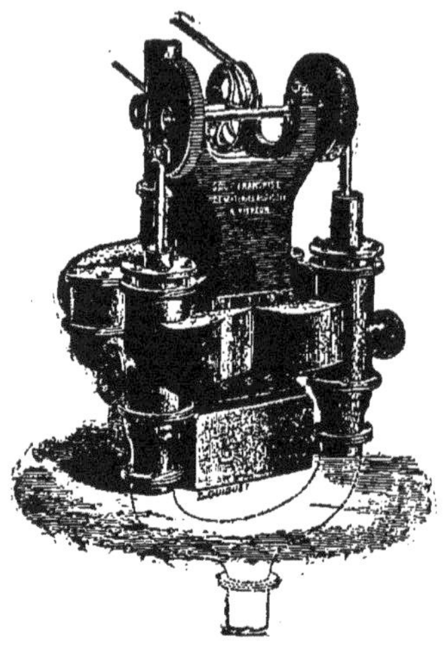

FIG. 73. — POMPE AU MOTEUR, A PISTONS PLONGEURS. — *(Société française de Matériel agricole).*

l'arbre à vilebrequin. La manivelle met en mouvement une bielle à fourches dont chaque branche passe le long du corps de pompe horizontal. Les deux fourches se réunissent en arrière, à la tête du piston qui est guidé par une petite glissière horizontale. Je n'insisterai pas sur le détail de la pompe elle-même, car elle est semblable, sauf les dimensions, à celle indiquée précédemment, page 54, figure 57 : c'est une pompe aspirante et foulante à double effet dont le piston est constitué par deux cuirs emboutis opposés l'un à l'autre.

On emploie aussi, pour les pompes au moteur, des machines à quatre pistons à courant continu dont un spécimen est représenté en plan-coupe horizontale par la figure 76. Dans cette pompe de Baillet et Audemar, les quatre pistons sont conjugés deux par deux sur deux tiges parallèles actionnées par le même vilebrequin ; les pistons sont donc animés de mouvements simultanés dans le même sens. Le principe du fonctionnement de la machine est analogue à celui qui a été décrit à la page 60 ; — Pour en donner un aperçu, re-

FIG. 74. — POMPE HORIZONTALE A DOUBLE EFFET. — *(Douglas-Pilter)*

présentons schématiquement la pompe par la fig. 77 dont les dispositions générales sont celles de la fig. 76, le volant et l'arbre étant supposés à gauche. L'aspiration est en A et le refoulement en R ; les pistons B et C portent les clapets d'aspiration, ceux indiqués en D et en E portent les clapets de refoulement. Supposons par exemple que les pistons sont

FIG. 75. — POMPE HORIZONTALE A DOUBLE EFFET. — (*Noël*)

animés d'un mouvement vers la gauche de M en N. Le piston B refoule devant lui l'eau qui passe dans le second corps de pompe de f en g, puis de là au travers de la soupape du piston D dans la conduite de refoulement R ; dans cette même période d'action, l'eau est aspirée par le piston E au travers de la soupape du piston C, de j en h. Pendant la course de retour, les clapets fonctionnent en sens inverse. Le jeu alternatif des pistons produit une aspiration et un refoulement continu et aussi régulier que celui des pompes rotatives et centrifuges.

Les pistons sont analogues à ceux des pompes Letestu que nous avons décrits à la page 31, figure 26. Ces machines, avec des garnitures de pistons convenables peuvent être utililisées pour élever les eaux sales, limoneuses ou chargées de sable comme cela se rencontre fréquemment dans les épuisements, les irrigations, les submersions, les travaux publics, etc.

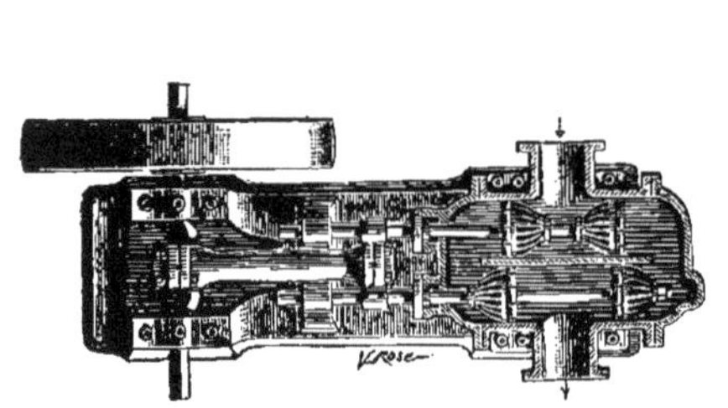

FIG. 76. — POMPE HORIZONTALE A QUATRE PISTONS ET A COURANT CONTINU (PLAN-COUPE). — *(Audemar-Guyon).*

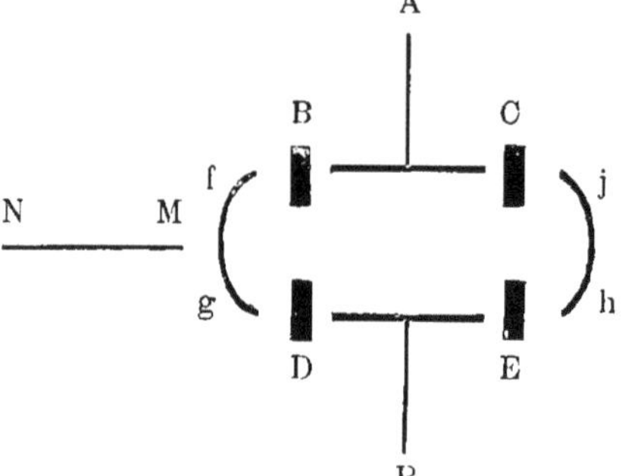

FIG. 77. — SCHÉMA DE LA POMPE AUDEMAR-GUYON

7. — Pompes sans limites

C'est ici qu'il convient de placer la description d'un système employé depuis longtemps sous le nom de *pompe sans limites*. Les machines de ce genre consistent en principe à faire mouvoir, à une distance quelconque du moteur, un piston de pompe aspirante et foulante ; la transmission du mouvement est assurée par deux colonnes liquides qui sont alternativement comprimées par une petite pompe spéciale placée près du moteur.

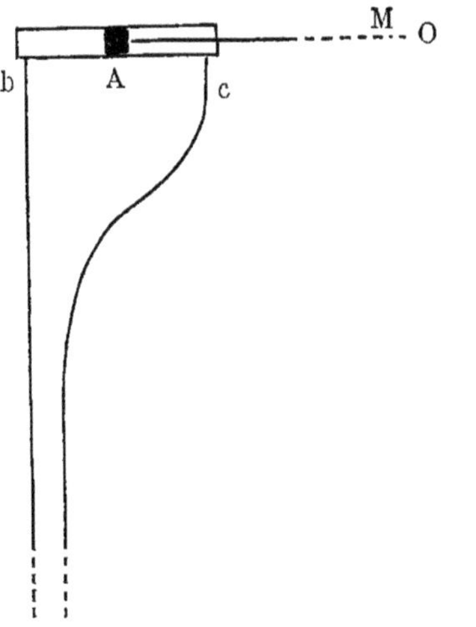

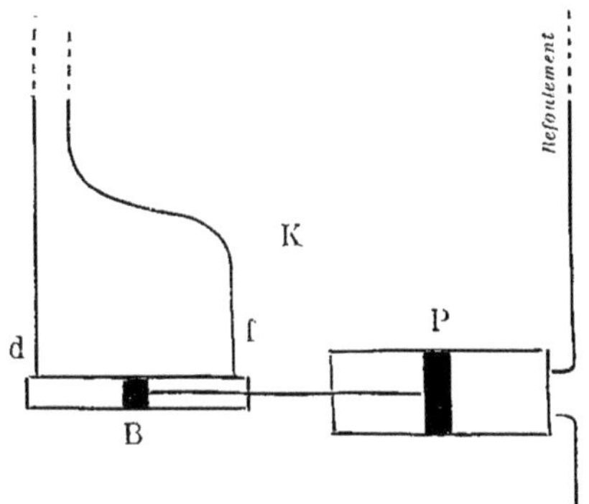

Fig. 78. — Schema d'une pompe sans limite

A la surface du sol et près de la machine motrice M (fig. 78) se trouve l'appareil propulseur qui consiste en un cylindre de 5 centimètres de diamètre environ, généralement horizontal, dans lequel se meut un petit piston plein A. De chaque extrémité du cylindre partent deux conduites bd, cf, de 20 millimètres de diamètre environ, qui aboutissent à une distance quelconque à la pompe proprement dite K.

Chaque tuyau débouche dans une chambre communiquant avec un piston B (quelquefois plongeur) lequel, par suite de la faible compressibilité de la colonne liquide, se meut d'un mouvement inverse du piston propulseur A.

On a donc ainsi une sorte de circuit fermé, dans lequel l'eau, alternativement comprimée, joue le rôle des tiges rigides des pistons des pompes ordinaires tout en permettant à l'appareil moteur M d'être à une distance quelconque de l'appareil élévatoire K.

Le piston B est relié avec un piston P de pompe aspirante et foulante ordinaire fixée généralement au fond du puits.

Une pompe à colonne liquide, basée sur le principe de celle qui vient d'être décrite, a été appliquée en Amérique à un puits de la Compagnie Broxburn Oil ; le puits a une profondeur de 219 mètres et se trouve à une distance de 548 mètres de la machine à vapeur qui commande l'appareil propulseur. Dans cette installation, l'appareil moteur est formé de deux pompes à simple effet qui commandent chacune une colonne d'eau.

TRAVAIL DES POMPES A PISTON

L'effet théorique des pompes à piston est égal à la surface du piston multipliée par la longueur de sa course et par le nombre de coups de piston pendant l'unité de temps. L'effet pratique est représenté par le volume réel débité pendant le même temps. Ce volume, dans les excellents modèles, n'est que les 95/100 du volume théorique; dans les mauvais modèles ou dans les pompes en mauvais état, ce volume descend aux 40/100 du volume théorique.

Dans le cas des pompes bien établies, le volume de liquide élevé est égal au volume engendré par le piston, diminué de 4 à 5 %; pour les pompes ordinaires, ce déchet s'élève jusqu'à 10 et 20 %.

La vitesse du piston influence énormément sur le rendement de la machine ; elle peut s'élever jusqu'à 0m30 et 0m45 par minute, mais il convient de la maintenir entre 0m20 et 0m25 afin d'éviter l'usure rapide des garnitures du piston.

Le rendement mécanique peut s'élever à 76 % ; dans les pompes ordinaires il varie de 50 à 70 %, soit 60 % en moyenne. — Dans les mauvais modèles, il peut s'abaisser jusqu'à 30 %. A mesure que la hauteur d'élévation de l'eau augmente, le rendement diminue ; le rendement augmente, toutes choses égales d'ailleurs, avec la puissance de la pompe, ainsi que nous avons eu l'occasion de le constater page 19.

En nous basant sur un rendement mécanique de 60 %, et en ramenant le débit de la pompe à un mètre d'élévation, on aurait les chiffres suivants :

MOTEUR	TRAVAIL MÉCANIQUE FOURNI PAR LE MOTEUR		DÉBIT DE LA POMPE PAR MINUTE RAMENÉ A 1 MÈTRE DE HAUTEUR
	Par seconde	Par minute	
	Kilogrammètres	Kilogrammètres	litres
Un homme de force moyenne	6	360	216
Deux hommes . . .	11.95	717	430
Un cheval au manège.	40	2400	1440
Deux chevaux au manège	79	4740	2844
Une machine de la force d'un cheval vapeur	75	4500	2700

II

LES POMPES ROTATIVES

Le principe de ces pompes est connu depuis fort longtemps car on en trouve une description dans le recueil publié par A. Ramelli en 1588 : remplacer le mouvement alternatif du piston par un mouvement circulaire continu. Ce principe, très séduisant au point de vue de la simplicité des organes, a été étudié à plusieurs reprises différentes et a servi de base à de nombreux systèmes de pompes rotatives, lesquels, aujourd'hui, peuvent se classer en deux groupes distincts :

1° Les pompes rotatives à un seul axe ;
2° Les pompes rotatives à deux axes de rotation,

que nous allons examiner séparément.

1. — Pompes rotatives à un axe

La figure 79 donne la coupe d'une pompe rotative à un axe, appelée aussi pompe à palettes, de M. Broquet. Le corps de pompe J est un cylindre à axe horizontal. L'arbre moteur B qui traverse cette pompe, excentriquement par rapport au cylindre, porte un disque H, chargé d'entraîner quatre palettes C mobiles dans des glissières radiales. Ces palettes doivent suivre la face intérieure du cylindre J, en se rapprochant de l'axe B à la partie supérieure de la pompe (en E) et en s'éloignant de cet axe à la partie inférieure. De sorte que, dans leur mouvement de rotation continu, les palettes engendrent un volume croissant du côté de l'aspiration, tandis que ce volume va en décroissant du côté opposé, c'est-à-dire du refoulement. Si l'axe de la figure 79 tourne dans le sens inverse des aiguilles d'une montre, l'aspiration a lieu en F et le refoulement par la tubulure opposée. Cette pompe peut être tournée indifféremment, à droite ou à gauche ; les tubulures AA servent à l'aspiration et au refoulement ; la partie inférieure du corps de pompe porte un ajutage G et un robinet de purge K, destiné à vider complètement la pompe lorsqu'il y a à craindre les gelées ; cela est indispensable pour les pompes agricoles qui, le plus souvent, passent l'hiver abandonnées sous un hangar ouvert à tous les vents.

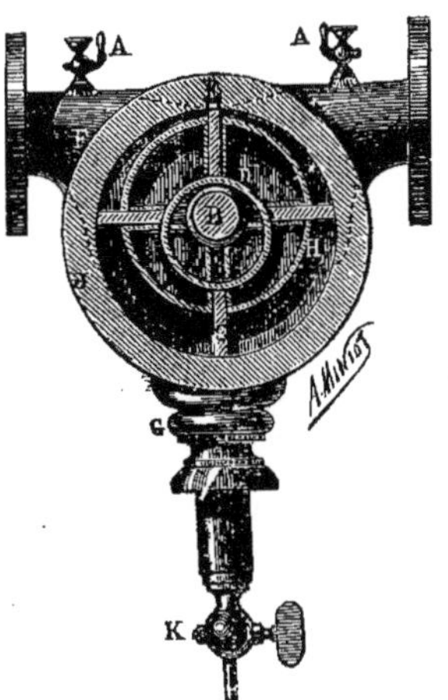

FIG. 79. — COUPE D'UNE POMPE ROTATIVE A UN AXE. (*Broquet*)

Les palettes qui jouent le rôle de pistons, sont guidées, dans leur mouvement, par des glissières et sont poussées par une came fixe D, excentrique par rapport à l'axe de rotation B, concentrique par rapport au corps de pompe J. Dans certains modèles, les pistons sont constamment appuyés contre la face interne du cylindre par des resssorts à boudins.

Ces pompes rotatives conviennent surtout pour les petites élévations d'eau et le soutirage des boissons claires ; les négociants en vins les emploient fréquemment pour élever les liquides dans les foudres, et aux entrepôts de Bercy on peut voir un grand nombre de ces pompes actionnées par des petits moteurs à gaz.

Il faut éviter de se servir de ces pompes lorsqu'on élève des liquides contenant des matières en suspension : ces dernières jouant le rôle de l'émeri, finissent par roder le corps intérieur de la pompe et par occasionner des fuites.

FIG. 80. — PETITE POMPE ROTATIVE (*Beaume*)

FIG. 81. — POMPE ROTATIVE MONTÉE SUR PLATEAU VERTICAL. — (*Broquet*)

La figure 80 représente une petite pompe rotative dite « la commerciale », destinée au soutirage et au transvasement des liquides en fûts. La pompe se place directement sur le fût à soutirer par une pièce conique I que l'on enfonce dans la bonde ; la pompe est reliée à cette pièce par une vis de pression qui la maintient en place ; l'appareil est monté directement sur le tuyau plongeur de l'aspiration, et le refoulement a lieu par un tube de caoutchouc ; avec cette pompe on peut refouler dans des pièces gerbées en troisième.

Lorsqu'il s'agit d'une pompe devant élever l'eau d'un puits, on établit la machine à poste fixe sur un plateau en bois maintenu contre un mur (fig. 81) ou un poteau, etc. On distingue sur la figure 81 le tuyau d'aspiration à gauche, et à droite le tuyau de refoulement qu'un robinet termine à la partie inférieure.

FIG. 82. — POMPE ROTATIVE MONTÉE SUR CHARIOT. — (*Samain*)

FIG. 83. — POMPE ROTATIVE AU MOTEUR. — (*Broquet*)

La figure 82 représente une pompe rotative à palettes, de Samain, montée sur un chariot à deux roues, sur la description de laquelle il est inutile d'insister.

Lorsque la pompe doit être commandée par un moteur (cas de grandes installations d'eau ou de soutirage des boissons des grands négociants de Bercy), on monte la machine comme l'indique la figure 83. Sur un socle en fonte sont fixés la pompe et un palier qui supporte l'arbre muni de ses poulies. La figure 83 représente en outre l'intérieur de la pompe qui porte trois palettes formant entre elles un angle de 120 degrés.

2. — Pompes rotatives à deux axes

Dans ce groupe se classent les *pompes* dites à *pignons* que représente bien la coupe figure 84. La machine se compose de deux axes parallèles D tournant en sens inverse l'un de l'autre. Chaque axe porte une sorte de roue dentée C, dont les dents, de formes spéciales, sont garnies d'une petite bande de cuir graissé ou de caoutchouc J. Le corps de pompe B affecte la forme d'un huit constitué par deux parties cylindriques. Si la roue supérieure tourne dans le sens des aiguilles d'une montre, la roue inférieure tournant en sens inverse, il se produit une aspiration en E, suivant les flèches indiquées dans la figure, et un refoulement en F. La machine est complétée, à la partie supérieure, par un robinet graisseur A, qui sert aussi à l'amorçage de la pompe. Un robinet purgeur est situé en H à la partie inférieure et permet de vider complètement le corps de pompe.

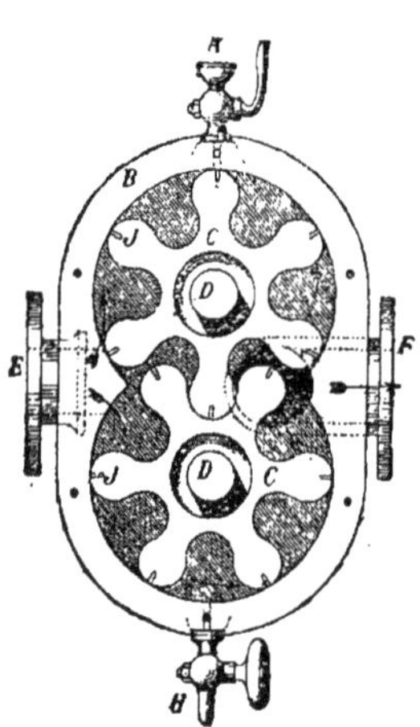

FIG. 84. — COUPE D'UNE POMPE ROTATIVE A DEUX AXES. — *(Broquet.*

Un seul des axes est moteur et l'autre est entraîné par les dents du pignon intérieur. L'arbre moteur est prolongé en dehors du corps de pompe et passe dans un presse étoupe ; il reçoit le volant-manivelle, ou les poulies de commande.

Ces pompes peuvent se fixer sur plateau et d'une façon analogue à celle représentée par la figure 81. On peut les monter sur un chariot à deux roues comme l'indique la figure 85.

La figure 86 représente l'application de cette pompe à un manège, et la figure 87 donne la vue d'une pompe au moteur, montée d'une façon identique à celle indiquée déjà à la figure 83.

FIG. 85. — POMPE ROTATIVE A DEUX AXES, MONTÉE SUR CHARIOT. — (*Broquet*)

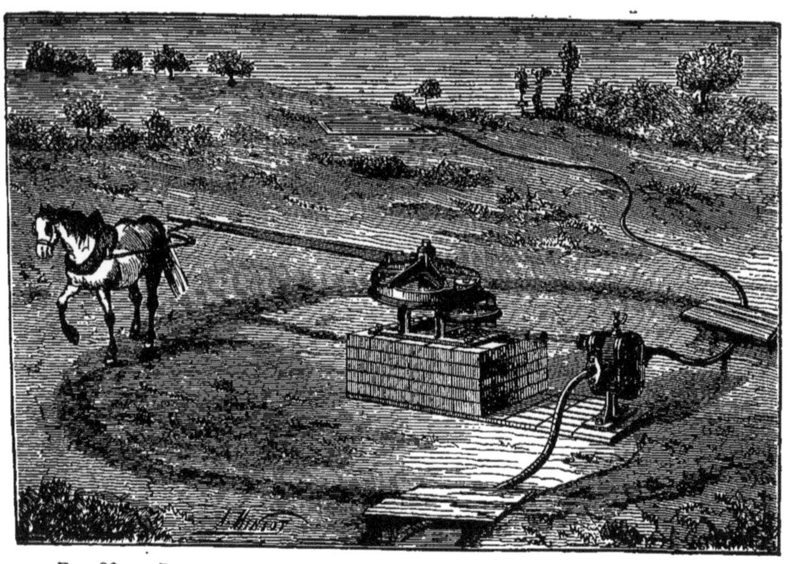

FIG. 86. — POMPE ROTATIVE A PIGNONS, ACTIONNÉE PAR UN MANÈGE. — (*Broquet*)

A plusieurs reprises on a proposé différentes combinaisons pour les pompes rotatives à deux axes : Bramah, Behrens, Root, etc., etc. Dans la pompe de Bramah, les pistons sont deux cylindres tangents l'un à l'autre ; chaque cylindre est muni de quatre palettes et de quatre encoches ; les palettes de l'un des cylindres viennent s'engager dans les encoches correspondantes de l'autre.

FIG. 87. — POMPE ROTATIVE A DEUX AXES, AU MOTEUR. — (*Beaume*)

C'est dans cette catégorie qu'il convient de placer la pompe Greindl (Brevets Greindl, Poillon, Locoge et Rochard), formée de deux axes parallèles entraînés en sens inverse l'un de l'autre par des engrenages extérieurs au corps de pompe.

III

LES POMPES CENTRIFUGES

Ces machines furent imaginées en Angleterre par Appold et perfectionnées plus tard par Gwynne. Les pompes centrifuges qui furent répandues en France par MM. Neut et Dumont conviennent surtout aux installations importantes nécessitant l'emploi d'une force motrice régulière comme une machine à vapeur ou un moteur hydraulique.

En principe la pompe centrifuge se compose d'un tambour cylindrique garni d'aubes courbes, monté sur un axe animé d'un rapide mouvement de rotation. Le tambour ou *turbine* tourne à l'intérieur d'une enveloppe. Quand la machine est amorcée, c'est-à-dire pleine d'eau, si l'on anime la turbine d'une certaine vitesse, l'eau, par l'effet de la force centrifuge, tend à s'échapper suivant la tangente de la turbine, tandis qu'il se produit au centre de cette dernière une diminution de pression en vertu de laquelle l'eau est aspirée du bief d'aval.

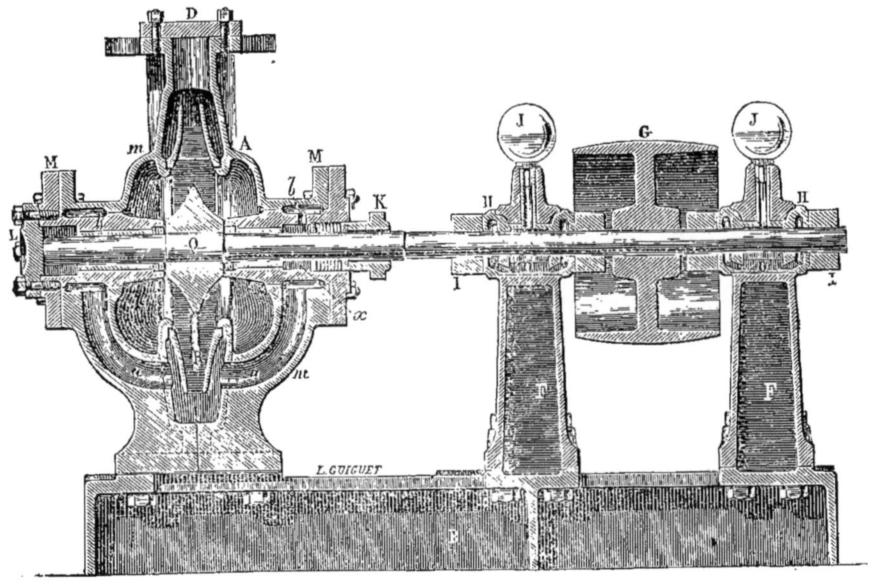

FIG. 88. — COUPE LONGITUDINALE D'UNE POMPE CENTRIFUGE. — *(L. Dumont)*

La pompe centrifuge aspire donc l'eau au centre du tambour et la refoule dans un conduit tangentiel ; comme il n'y a aucune soupape, clapet ou pièces frottant intérieurement, la pompe peut élever les eaux chargées de matières limoneuses et les liquides épais sans craindre des détériorations.

Les fig. 88, 89 et 90 représentent des coupes de la pompe centrifuge de L. Dumont; la fig. 88 est une coupe longitudinale suivant un plan vertical passant par l'axe de la pompe; la fig. 89 est une coupe transversale à l'axe et passant par le milieu de la turbine; la fig. 90 est un plan passant par l'axe et par la tubulure d'aspiration. Voici la description de cette pompe, donnée par le constructeur :

FIG. 89. — COUPE TRANSVERSALE DE LA POMPE CENTRIFUGE FIG. 88

« A est le corps de pompe. Il est composé de deux coquilles mm, réunies par des boulons, et renfermant une roue à aubes ou turbine R formée de deux joues latérales réunies par des aubes (fig. 89), dont quelques-unes sont prolongées jusqu'au moyeu calé sur un axe Q qui traverse un presse-étoupe K; cet axe est muni à son extrémité d'une poulie G par laquelle il reçoit son mouvement d'un moteur quelconque, au moyen d'une courroie. C est le tuyau d'aspiration, qui se bifurque de part et d'autre du corps de pompe en deux conduits dd (fig. 90,) aboutissant, en formant la spirale, aux ouvertures centrales qui correspondent à celles de la turbine R. D est le tuyau de refoulement.

A l'intérieur de la pompe l'arbre est supporté par des douilles en métal spécial coulé dans les pièces M assemblées sur les côtés du corps de pompe, en laissant un espace annulaire h dans lequel circule de l'eau empruntée au corps de pompe et amenée par les conduits aa (fig. 88). Cette circulation d'eau empêche les coussinets de s'échauffer.

Du côté du presse-étoupe K, l'arbre traverse une chambre hydraulique placée entre la douille fixe et la bague qui arrête la garniture du presse-étoupe. Un ou plusieurs petits trous b mettent en communication cette chambre avec l'espace annulaire h rempli d'eau, la chambre hydraulique a pour objet d'empêcher les rentrées d'air par le presse-étoupe sous l'influence de la succion qui se produit au centre de la pompe.

Au delà du presse-étoupe l'arbre repose sur des coussinets H dont la partie inférieure forme réservoir d'huile. Ces coussinets sont ajustés dans les paliers F, assemblés, de même que le corps de pompe, sur le bâti B.

Des bagues I placées de chaque côté des coussinets H empêchent tout mouvement de l'arbre dans le sens longitudinal. Des graisseurs J alimentent les coussinets d'huile régulièrement, pendant un certain temps, sans qu'on ait à s'en occuper.

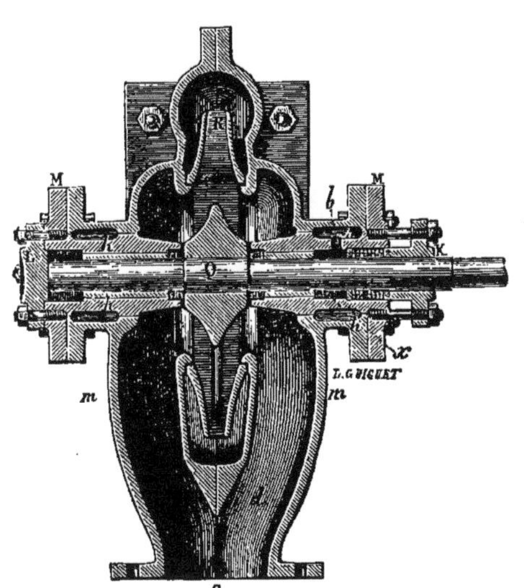

Fig. 90. — Coupe horizontale de la pompe centrifuge fig. 88

Un robinet avec entonnoir E. fig. 89 placé au sommet du corps de pompe permet de la remplir d'eau ainsi que toute la conduite d'aspiration — c'est ce qu'on appelle amorcer la pompe.

Le petit conduit e a pour objet de laisser évacuer les quelques bulles d'air entraînées partiellement par l'eau, qui pourraient s'accumuler au sommet du corps de pompe.

Si l'on suppose la pompe pleine d'eau et un mouvement de rotation communiqué à l'axe, l'eau qui se trouve dans la roue à aubes R est entraînée dans le mouvement de rotation. — La force centrifuge développe dans cette masse d'eau une pression qui s'exerce du centre à la circonférence ; lorsque cette pression est devenue suffisante, l'eau s'échappe par toute la circonférence de la roue à aubes. La dépression qui se produit au centre de la roue, y fait affluer celle que renferment les deux conduits dd qui se réunissent en C au tuyau d'aspiration (fig. 90). — L'eau qui s'échappe par la circonférence de la roue à aubes afflue dans le corps de pompe et s'écoule par le tuyau de refoulement D. La rotation continuant, le mouvement du liquide s'établit ainsi d une manière constante et uniforme.

C'est la continuité et la régularité du courant dans la pompe centrifuge qui explique comment elle peut, sous un petit volume, donner des quantités considérables d'eau.

En effet, tandis que dans les pompes à mouvement alternatif l'eau ne peut guère, sans qu'il en résulte des chocs violents ou même des ruptures, avoir une vitesse supérieure à

0^{m}50 par seconde dans les divers passages, cette vitesse atteint facilement 3 mètres par seconde dans les pompes centrifuges et pourrait être encore bien plus grande, si l'on n'avait pas à tenir compte des résistances dues au frottement et aux changements de direction ; on peut donc obtenir le même volume d'eau avec des sections bien moindres.

Fig. 91. — Pompe centrifuge a double palier. — *(Dumont)*

La régularité du courant a aussi pour effet de supprimer les chocs, trépidations, ébranlements dus aux mouvements alternatifs, et de rendre complètement inutile le réservoir d'air, sur la conduite d'aspiration ou de refoulement.

La vue générale de la pompe qui vient d'être décrite est donnée par la figure 91.

L'aspiration peut se faire de chaque côté de la turbine (pompes Pilter, Dumont, Pécard, etc.) ou d'un seul côté de la machine. (Hidien, figure 93. — Société française de Matériel agricole, etc.)

L'aspiration est verticale, horizontale ou oblique ; il en est de même du refoulement qui dépend de l'installation adoptée.

Dans la pompe centrifuge Hidien, qui a l'aspiration d'un seul côté, l'arbre est maintenu à son extrémité dans un coussinet mobile fixé sur le coude d'arrivée ; l'eau ne pénètre que par une face de la turbine. Le coude est fixé au corps de la pompe par quatre boulons, de sorte qu'il peut prendre plusieurs directions pour faciliter l'établissement du tuyau d'aspiration suivant la disposition de la pompe par rapport au bief d'aval.

FIG. 92. — POMPE CENTRIFUGE A ASPIRATION LATÉRALE. — (*Pécard*)

La disposition de la turbine avec l'aspiration latérale permet de la régler dès qu'il y a usure entre son cercle d'aspiration et le corps de la pompe ; cette usure est produite par le passage accidentel des graviers entre ces deux parties qui ne frottent pas l'une sur l'autre ; la position de l'arbre est maintenue invariable au moyen de bagues.

Dans la pompe Th. Pilter, qui aspire sur chaque face de la turbine, l'usure peut être compensée au moyen de deux bagues mobiles qui permettent de conserver toujours le même joint entre le tambour et le corps de pompe.

La figure 92 représente la pompe de Pécard à aspiration inférieure ; dans cette pompe

FIG. 93. — POMPE CENTRIFUGE LOCOMOBILE. — (*Hidien*)

FIG. 94. — POMPE CENTRIFUGE LOCOMOBILE. — (*Pécard*)

le côté latéral est amovible et maintenu par des boulons, ce qui permet de visiter le disque sans avoir besoin de défaire la conduite d'aspiration, cette dernière étant reliée au corps principal. La pompe porte en outre deux regards latéraux nettement représentés par la figure 92.

Les pompes centrifuges sont montées sur un bâti en fonte à un ou deux paliers ; le bâti est boulonné sur une charpente. Lorsque le chantier d'épuisement doit changer fréquemment de place (cas des irrigations, des submersions, travaux publics, etc.), on a intérêt à monter la pompe sur un chariot à 4 roues ainsi que l'indique la figure 93.

Certaines pompes sont montées directement sur le bâti d'une locomobile (Millot-Pilter, Boulet, Beaume, Gwynne, Société française de matériel agricole, etc., etc.) ; d'autres fois la pompe est portée par un petit chariot à deux roues que l'on boulonne à l'avant-train d'une locomobile (Gwynne, Hornsby, Pécard). La figure 94 représente cette disposition ; l'arbre de la pompe sert d'essieu aux roues porteuses pendant le transport de la machine, et les moyeux de ces roues servent, à leur tour, de paliers durant la marche de la pompe ; les moyeux sont très longs afin de diminuer l'usure.

Dans certaines applications notamment pour la marine, la pompe est accouplée à un moteur direct.

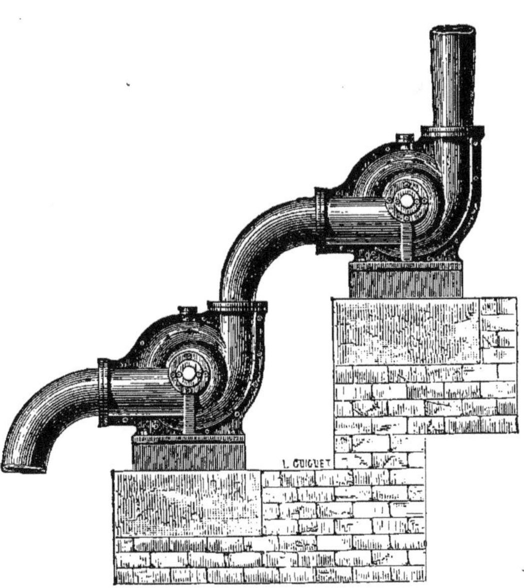

FIG. 95. — POMPES CENTRIFUGES ACCOUPLÉES (PREMIÈRE DISPOSITION

Lorsqu'il s'agit de grandes installations, on accouple deux pompes, la première refoulant dans l'aspiration de la seconde. Cet accouplement peut se faire en étageant les pompes l'une au-dessus de l'autre comme l'indique la figure 95 ou en montant les deux turbines sur le même axe ainsi que le représente la figure 96.

Pour amorcer les pompes on est obligé de les remplir d'eau, puis de les mettre en mouvement lorsque le tambour est noyé. L'amorçage se fait en remplissant la pompe à l'aide d'un entonnoir ou en y élevant l'eau à l'aide d'un *éjecteur*. La figure 97 donne la coupe de l'éjecteur monté sur les pompes Dumont : un courant de vapeur, pris sur la chaudière du moteur, passe au travers d'un ajutage conique et aspire l'eau de la pompe. L'éjecteur se monte à la partie supérieure de la pompe à la place de l'entonnoir E de la

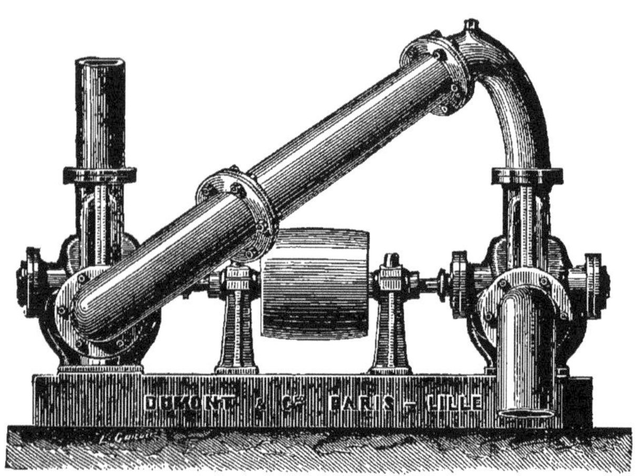

Fig. 96. — Pompes centrifuges accouplées (deuxième disposition)

figure 89, ou sur le tuyau de refoulement lorsque ce dernier est courbé en siphon (figure 98). L'éjecteur a encore l'avantage de permettre la suppression du *clapet de pied*

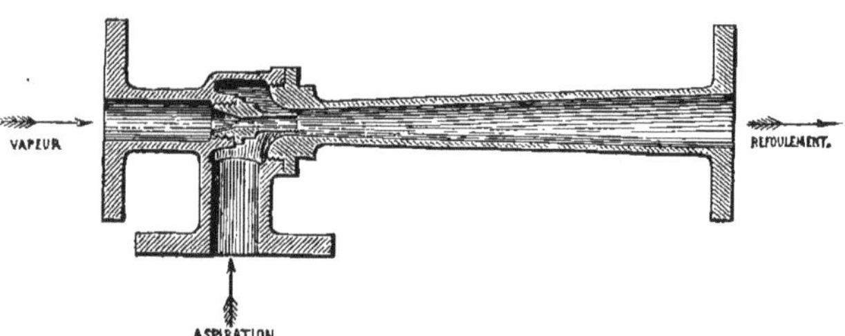

Fig. 97. — Coupe de l'éjecteur. — (*Dumont*)

(nous parlerons de ce clapet de pied lorsque nous traiterons des tuyaux et accessoires des pompes).

La figure 99 représente l'installation d'une pompe Dumont appliquée au desséchement du marais de Roost-Warendin, près Douai, d'une contenance de 800 hectares.

La machine et la pompe sont établies sur un plancher supporté par des colonnes en fer au-dessus de l'eau, tout le sous-sol sert ainsi de puisard, l'eau y arrive en passant par une grille qui arrête les herbes et autres corps flottants ; le refoulement de la pompe, disposé en siphon, a lieu dans un chenal communiquant avec la Scarpe.

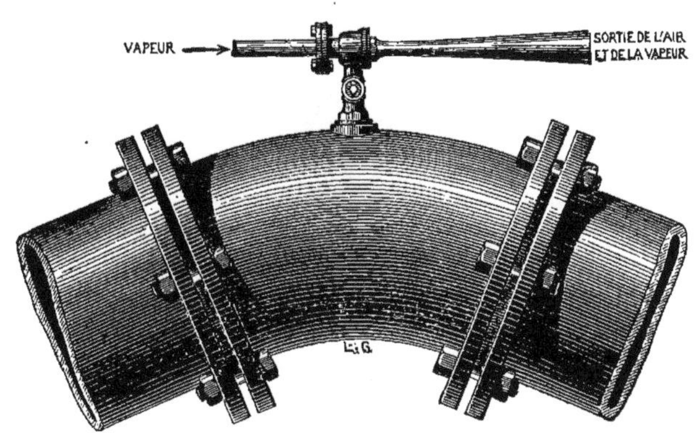

FIG. 98. — EJECTEUR MONTÉ SUR UN TUYAU DE REFOULEMENT

TRAVAIL DES POMPES CENTRIFUGES

Les pompes centrifuges doivent être animées d'un mouvement absolument uniforme ; elles ne peuvent donc être actionnées que par les moteurs à vapeur ou hydrauliques. Les manèges, les moulins à vent, les manivelles ne conviennent pas pour leur mise en marche.

D'après plusieurs expériences, le rendement mécanique des bonnes pompes centrifuges varie de 40 à 50 %. — Ces machines conviennent surtout pour élever de grandes masses d'eau à de faibles hauteurs, elles sont simples, rustiques, peu volumineuses et faciles à installer.

Fig. 99. — Dessèchement du marais de Roost-Warendin. — (*Vue de l'installation de la pompe centrifuge*)

Le tableau suivant donne des renseignements concernant les pompes Dumont ; pour obtenir la force nécessaire en chevaux-vapeur pour une élévation donnée, il convient de multiplier le chiffre correspondant de la dernière colonne par la hauteur totale d'élévation.

Pompes centrifuges

(*L. Dumont*)

DIAMÈTRE DES TUBULURES		VOLUME D'EAU ÉLEVÉ			FORCE en chevaux-vapeur par mètre d'élévation
d'aspiration	de refoulement	LITRES par seconde	HECTOLITRES par minute	M. CUBES par heure	
0.045	0.035	1.5 à 2.5	0.9 à 1.5	6 à 9	0.05 à 0.08
0.060	0.045	3 5	1 8 3	11 18	0.10 0.15
0.075	0 060	6 10	3.6 6	22 36	0.20 0.30
0.100	0.075	12 17	7 5 10	45 60	0.32 0.45
0.125	0.100	18 25	10 15	60 90	0.45 0.60
0.150	0.125	30 45	18 27	110 165	0.75 1.10
0.175	0.150	45 70	28 42	170 250	1.15 1.70
0.200	0.175	60 90	36 54	220 325	1.50 2.20
0 225	0.175	75 125	45 75	270 450	1.80 2.75
0.250	0.200	100 150	60 90	360 540	2.50 3.50
0.275	0.225	125 200	75 120	450 720	3.00 4.50
0.300	0.250	160 240	96 144	575 865	3.60 5.25
0.325	0.275	200 300	120 180	750 1100	4.50 6.40
0.350	0.300	250 350	150 210	900 1250	5.50 7.25

TROISIÈME CATÉGORIE

MACHINES ÉLÉVATOIRES A VAPEUR A ACTION DIRECTE

Les machines de cette catégorie peuvent se classer en deux groupes :

1° Les pompes à vapeur.
2° Les pulsomètres.

I

LES POMPES A VAPEUR A ACTION DIRECTE

Ces machines sont composées d'un cylindre à vapeur généralement horizontal ; la tige du piston à vapeur porte directement le piston de la pompe dont l'axe du corps est placé sur le prolongement de celui du cylindre à vapeur.

Ces pompes, quelquefois munies d'un volant, sont très employées comme pompes de cales de navires, pompes alimentaires des générateurs de vapeur (la machine est appelée, dans ce cas, *petit cheval alimentaire*), pompes à incendie comme celles de la ville de Paris, pompes à air utilisées pour les vidanges, etc., etc. N'étant pas en usage dans les exploitations agricoles, nous ne citons ces pompes que pour mémoire sans chercher à les décrire ni à détailler leurs avantages et leurs inconvénients.

II

LES PULSOMÈTRES

Les pulsomètres sont des machines élévatoires remarquables par leur puissance relativement à leurs faibles dimensions.

Il faut chercher l'origine des pulsomètres dans la *pompe à feu* de Savery (1698) dont la forme se retrouve encore dans les *monte-jus* actuellement employés dans différentes industries. Pour faire fonctionner ces machines, il faut ouvrir et fermer alternativement un jeu de robinets. Dès 1869, l'ingénieur L. Droux prit un brevet pour une sorte de monte-jus automatique qui peut être considéré comme un pulsomètre à simple effet.

L'ingénieur américain Henry Hall prit en 1872 des brevets pour un pulsomètre, et le perfectionnement principal qu'il apporta fut la distribution automatique.

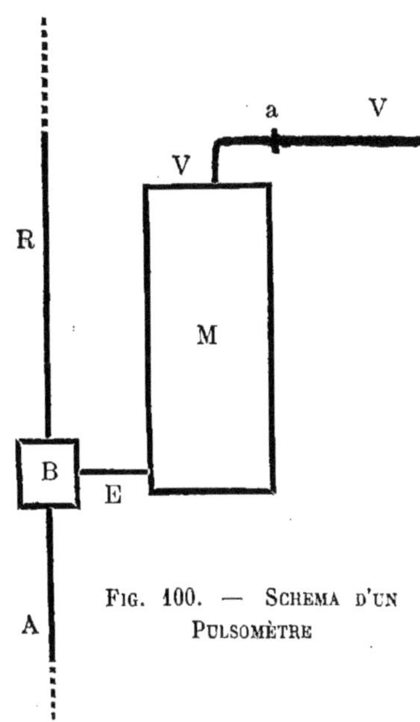

Fig. 100. — Schema d'un Pulsomètre

Voici le principe de la machine: supposons un récipient métallique M de forme quelconque portant deux tubulures, l'une supérieure que nous appellerons V (fig. 100), l'autre inférieure que nous désignerons par E ; la tubulure V est en communication avec une chaudière à vapeur, — la tubulure E débouche dans une boîte à clapets B (analogue à celles que l'on rencontre dans les pompes aspirantes et foulantes), d'où partent deux tuyaux, l'un d'aspiration A, l'autre de refoulement R.

Supposons que le récipient soit plein d'eau ; si l'on fait arriver de la vapeur sous pression en V, l'eau est refoulée dans le tuyau R par la boîte à clapets B. Lorsqu'il n'y a plus d'eau, le récipient étant rempli de vapeur, que l'on vienne à fermer le robinet a, la vapeur va se condenser en produisant dans le récipient M un vide partiel qui aspire l'eau par le tuyau A et la boîte à clapets. Lorsque le récipient M sera rempli d'eau, si on ouvre le robinet a, le cycle recommence de nouveau.

Ainsi, en résumé, le refoulement se fait par la pression directe de la vapeur sur la surface de l'eau et l'aspiration par la condensation de la vapeur contenue dans le récipient.

Pour expliquer la marche automatique de la machine, nous nous servirons des fig. 101 et 102 représentant les coupes du pulsomètre de Koerting.

Le pulsomètre est formé de deux chambres en forme de poire accollées l'une à l'autre, ordinairement en fonte et coulées d'un seul jet. Ces deux chambres se réunissent à la partie supérieure par deux canaux verticaux entre lesquels, et à leur réunion, se meut librement une petite pièce verticale appelée languette, qui, jouant le rôle de tiroir, peut osciller alternativement à gauche et à droite. Dans son mouvement, la languette ferme le canal d'une des poires et débouche celui de l'autre en livrant ainsi passage à la vapeur qui pénètre dans la machine par le robinet supérieur.

Chaque chambre se termine à la partie inférieure par un plan incliné (fig. 102) aboutissant à une boîte à clapets : la boîte porte 4 clapets, deux d'aspiration et deux de refoulement. Les clapets se réunissent deux par deux avec les tuyaux respectifs d'aspiration et de refoulement.

Supposons que la chambre de gauche est pleine d'eau, c'est-à-dire amorcée, le robinet de prise de vapeur étant ouvert, la languette tiroir étant appliquée contre la lumière de la chambre de droite. La vapeur pénètre dans la chambre de gauche, agit sur la surface du liquide, et, en vertu de sa pression le chasse dans le tuyau de refoulement au travers des soupapes supérieures. Au moment où le niveau de l'eau est descendu en-dessous de la cloisson verticale qui sépare la chambre de la boite à clapets (fig. 102), la vapeur pénètre dans cette boîte ; il en résulte un mélange d'eau et de vapeur et par suite une condensation très rapide, laquelle produisant un vide partiel attire la languette sur l'orifice d'entrée de cette chambre et arrête l'action de la vapeur.

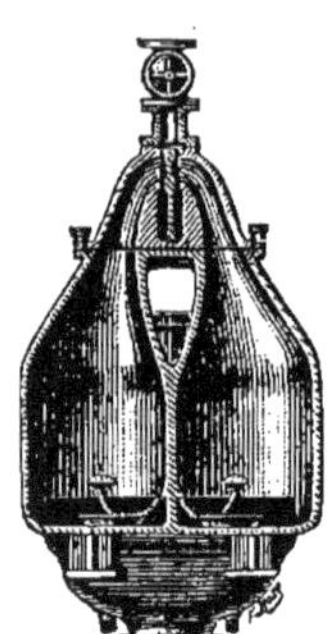

FIG. 101. — COUPE LATÉRALE DU PULSOMÈTRE. (*Koerting*)

FIG. 102. — COUPE TRANSVERSALE DU PULSOMÈTRE. (*Koerting*)

Le vide une fois produit, la soupape d'aspiration laisse pénétrer le liquide qui s'élève par le tuyau inférieur d'aspiration : la chambre de gauche se remplit.

Le même fait se produisant sur la chambre de droite, au moment où la languette aura été attirée par le vide contre l'orifice de la chambre de droite, pour le fermer, la vapeur pénétrera dans la chambre de gauche pour opérer le refoulement.

Dans la machine Koerting, la formation du vide par la condensation de la vapeur, est activée au moyen d'un petit tuyau d'injection communiquant avec le refoulement et terminé, dans chaque chambre, pour une petite pomme d'arrosoir (fig. 102) ; ce petit tuyau entre en action un peu avant que le niveau de l'eau s'abaisse en-dessous de la cloison verticale qui sépare chaque chambre de la boîte à clapets.

Par suite du fonctionnement automatique de la languette-tiroir les deux chambres qui constituent le pulsomètre, jouent alternativement le rôle de chambre d'aspiration et de chambre de refoulement à chaque pulsation de la vapeur, d'ou le nom de *pulsomètre* donné à cette machine (1).

(1) Il serait plus exact de l'appeler *pulsateur*.

Dans le pulsomètre de Koerting, des regards en verre permettent de se rendre compte du bon fonctionnement des clapets d'aspiration et de refoulement.

Pour réduire dans une grande proportion la consommation de la vapeur, chaque chambre est munie, vers le haut, de deux évents ou reniflards (fig. 101). Ces évents sont munis de toutes petites soupapes qui s'ouvrent lors de la période d'aspiration et laissent rentrer une petite quantité d'air qui, mélangée à la vapeur, empêche sa trop rapide condensation et forme matelas d'air atténuant les chocs qui se produisaient dans les anciens pulsomètres.

Dans les machines de Hall, la languette-tiroir est remplacée par une petite sphère ; pour certaines applications, les clapets d'aspiration et de refoulement sont remplacés par des soupapes à boule.

Dans les pulsomètres du système Cuau, les deux chambres sont entourées de lames ou nervures ayant pour effet de présenter une grande surface de refroidissement qui active la condensation de la vapeur.

FIG. 103 — INSTALLATION D'UN PULSOMÈTRE DANS UN CHANTIER D'ÉPUISEMENT.

(Le pulsomètre est suspendu par une chaîne à une chèvre ; — la vapeur est fournie par une chaudière locomobile).

Les pulsomètres s'installent très facilement et partout ; on les pose sur un chevalet, sur une murette, etc., on les suspend par une chaîne, comme l'indique la figure 103, qui représente un chantier d'épuisement.

Pour les élévations d'eau comme les irrigations, les submersions des vignes et les chantiers de travaux publics qui ne s'établissent pas à demeure, le pulsomètre est fixé contre une chaudière verticale ou horizontale, montée sur roues, et fait corps avec elle : l'appareil est locomobile.

En dehors des applications agricoles, les pulsomètres sont employés dans les mines, les chemins de fer, les papeteries pour l'élévation des pâtes à papier et dans diverses industries pour l'élévation des liquides alcalins, des goudrons, eaux ammoniacales, vinasses, etc.

TRAVAIL DES PULSOMÈTRES

Les pulsomètres s'établissent de toutes dimensions, donnant de 50 à 10,000 litres d'eau par minute.

Les pulsomètres peuvent aspirer jusqu'à 7 mètres, mais pour obtenir le meilleur effet utile, il convient de ne pas dépasser 3 à 4 mètres d'aspiration ; le refoulement, au contraire, peut atteindre les grandes hauteurs et est en fonction directe de la pression de la vapeur employée.

Ainsi, avec des hauteurs de refoulement de	10	20	30 mètres,
la pression de la vapeur sera de	2	3 1/2	5 atmosphères.

Quand l'élévation est trop considérable, on a intérêt à accoupler deux pulsomètres, l'un refoulant dans l'autre.

En marche moyenne, un bon appareil donne 60 à 70 pulsations par minute ; la consommation de la vapeur est d'environ 1 kilog. et demi de vapeur sèche pour élever 10,000 litres d'eau à 1 mètre de hauteur. L'élévation de la température de l'eau, due à la condensation de la vapeur est de 1/6 à 1/5 de degré centigrade par mètre de hauteur de refoulement.

On peut faire fonctionner le pulsomètre en se servant de la vapeur d'échappement d'une machine à vapeur sans condensation. Dans le cas de cette installation, qui peut trouver de nombreuses applications dans les fermes et les usines déjà pourvues d'une machine à vapeur, il ne faut pas refouler à plus d'un métre de hauteur, car on produirait une contre-pression sur le piston ; il faut aspirer à 5^{m} ou 5^{m} 50. Si l'élévation de l'eau doit dépasser 6^{m} à 6^{m} 50 on conjugue deux pulsomètres et l'élévation peut atteindre 12 à 13 mètres de hauteur.

L'emploi d'un pulsomètre à vapeur d'échappement, produisant un vide partiel, a encore l'avantage d'augmenter le rendement de la machine à vapeur avec laquelle il est en connexion.

Le pulsomètre est donc une machine remarquable par sa puissance, son faible volume, la simplicité de son fonctionnement, sa marche automatique, continue et sans secousses ; son faible prix d'achat et la grande facilité de son installation lui permet de remplacer avantageusement les pompes ordinaires d'égale puissance.

Voici quelques renseignements relatifs à ces machines :

Pulsomètres

(*Cuau aîné*)

Nos	Débit par heure en litres pour une hauteur d'aspiration de 2 à 3 mètres pour les hauteurs du refoulement de :		Débit par heure en litres pour une hauteur d'aspiration de 6 mètres avec emploi de la vapeur d'échappement	Diamètre intérieur des tuyaux en millimètres			Chaudières nécessaires — Force en chevaux
	2 à 5	10 à 20		Aspiration	Refoulement	Vapeur	
0	2.000	1.200	1.000	30	25	8	1/2
1	5.000	3.000	2.000	40	35	10	1
2	9.000	5.000	4.000	55	40	12	2
3	12.000	8.000	6.000	65	55	15	3
4	24.000	15.000	10.000	75	65	18	4
5	35.000	20.000	15.000	90	75	20	5
6	39.000	30.000	22.000	110	90	22	6
7	45.000	38.000	29.000	130	110	25	7
8	60 000	45.000	35.000	155	130	30	9
9	90.000	75.000	60.000	190	155	35	10
10	120.000	95.000	78.000	215	190	40	12
11	190.000	120.000	100.000	265	215	45	15
12	300.000	220.000	180.000	325	265	50	20
13	360.000	300.000	255.000	405	325	60	25
14	540.000	400.000	400.000	435	405	75	30
15	700 000	650.000	580.000	450	435	90	35

Pulsomètres

(Koerting)

NUMÉRO DU PULSOMÈTRE		0.1	0.2	0.3	0.45	0.6	1	1.5	2.5	4	6
RENDEMENT DU PULSOMÈTRE en litres, par minute, avec le meilleur effet utile et aux hauteurs de refoulement indiquées ci-contre :	Hauteur de refoulement 5 mètres	120	200	400	600	750	1000	1500	2100	4000	6000
	10 mètres	100	180	350	550	700	900	1400	2000	3000	5300
	20 mètres	80	160	300	450	650	800	1250	1800	2500	4500
DIMENSIONS DES TUYAUX, diamètre intérieur en m/m :	Tuyaux d'aspiration et de refoulement	40	50	70	89	100	125	155	180	225	400
	Tuyaux à vapeur	20	25	25	30	30	40	52	60	64	76
TABLE DES DIMENSIONS en m/m :	Hauteur	500	570	640	820	910	1000	1200	1475	1650	2200
	Largeur	280	350	425	510	570	650	760	1000	1160	2100
	Profondeur	310	360	420	550	580	660	740	920	1130	1700
Poids approximatif en kilog. :		40	60	90	150	290	265	320	625	700	2000

QUATRIÈME CATÉGORIE

MACHINES ÉLÉVATOIRES MUES PAR L'EAU

Dans les machines de cette catégorie, on dispose d'une chute d'eau qui sert de force motrice pour remonter, au-dessus de son niveau d'amont, une certaine quantité de l'eau fournie par la chute elle-même.

D'anciens appareils sont basés sur les principes de la machine de Héron, décrite dans les cours de Physique : une application importante en a été faite aux mines de Schemnitz, en Autriche.

Dans certaines installations, l'eau agit sur une roue hydraulique ou sur une turbine qui commande les pompes : à l'usine municipale de Saint-Maur, l'eau de la Marne actionne des pompes qui refoulent dans les lacs des bois de Vincennes, Gravelle, Daumesnil, Saint-Mandé, et au réservoir de Menilmontant ; à l'usine hydraulique de Marly, l'eau de la Seine agit sur des roues de côté qui commandent des pompes chargées de refouler à 160 mètres de hauteur l'eau nécessaire à l'alimentation de la ville de Versailles et aux grandes eaux du parc.

FIG. 104. — ROUE HYDRAULIQUE ACTIONNANT UNE POMPE ASPIRANTE ET FOULANTE A DOUBLE EFFET. — (*Pécard*)

La fig. 104 représente une petite installation agricole où une roue hydraulique met en mouvement une pompe aspirante et foulante à double effet. — La roue a 0.90 de diamètre et 0.30 de largeur : elle est fondue d'une seule pièce et galvanisée afin de la protéger de la rouille.

Le tableau suivant donne la quantité d'eau élevée à diverses hauteurs avec un ruisseau moteur dont le débit, de 450 à 500 litres par minute, actionne une roue hydraulique accouplée à une pompe à double effet (*Pécard*).

HAUTEUR D'ÉLÉVATION (en mètres)	DIAMÈTRE DES POMPES	DIAMÈTRE DU TUYAU DE REFOULEMENT	QUANTITÉ DEAU élevée en 24 heures
60 mètres	50 millim.	20 millim.	5.000 litres
45 —	50 —	20 —	7.500 —
30 —	63 —	25 —	10.000 —
15 —	2 pompes de 50 millimèt. accouplées.	25 —	15.000 —

Lorsque le débit du ruisseau est supérieur à celui indiqué plus haut, le rendement des pompes est plus élevé.

Quand on dispose d'un puits bien alimenté et qu'on peut le prolonger jusqu'à une couche absorbante, on produit ainsi une chute motrice capable d'élever une certaine quantité d'eau au-dessus du sol. Dans le système Hanriau, qui est une application de ce principe, la machine et la pompe sont du type à chapelet.

Nous n'insisterons pas plus longuement sur ces divers modes d'utilisationde l'eau et nous consacrerons ce chapitre aux machines qui sont à la fois motrices et réceptrices et parmi lesquelles il y a lieu de développer les béliers hydrauliques.

LES BÉLIERS HYDRAULIQUES

Si l'on vient à arrêter brusquement une colonne liquide circulant dans une conduite, il se produit un choc appelé *coup de bélier* qui, souvent, peut entraîner la rupture du tuyau. Le coup de bélier, lorsqu'il est suffisamment énergique, permet de faire jaillir une certaine quantité de l'eau de la conduite au-dessus de son niveau primitif. Dès le siècle dernier on avait eu l'idée d'utiliser cette force vive en l'appliquant à des machines élévatoires.

En 1772, l'horloger Whitehurst, de Derby, en Angleterre, avait fait construire pour élever les eaux nécessaires à une brasserie, une machine qui nécessitait la présence d'une personne pour la manœuvre du robinet, lequel, par sa brusque fermeture, déterminait le coup de bélier.

La première machine à marche automatique, appelée *bélier hydraulique*, fut construite en 1796 par le célèbre Montgolfier. Ce n'est guère que depuis une quinzaine d'années que ces machines se sont perfectionnées et sont devenues d'une application courante.

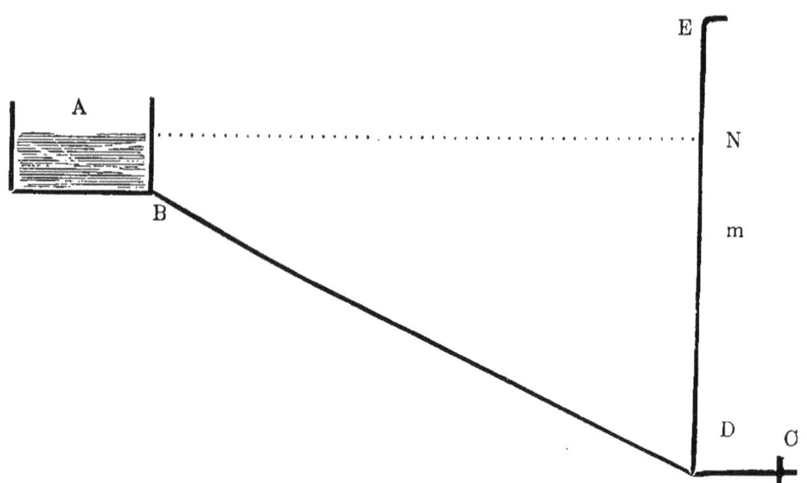

FIG. 105. — REPRÉSENTATION SCHÉMATIQUE DE L'EXPÉRIENCE DÉMONTRANT LE COUP DE BÉLIER

Pour expliquer le coup de bélier, supposons un réservoir A (fig. 105) placé à un certain niveau, en communication avec une conduite B C, d'une certaine longueur ; la con-

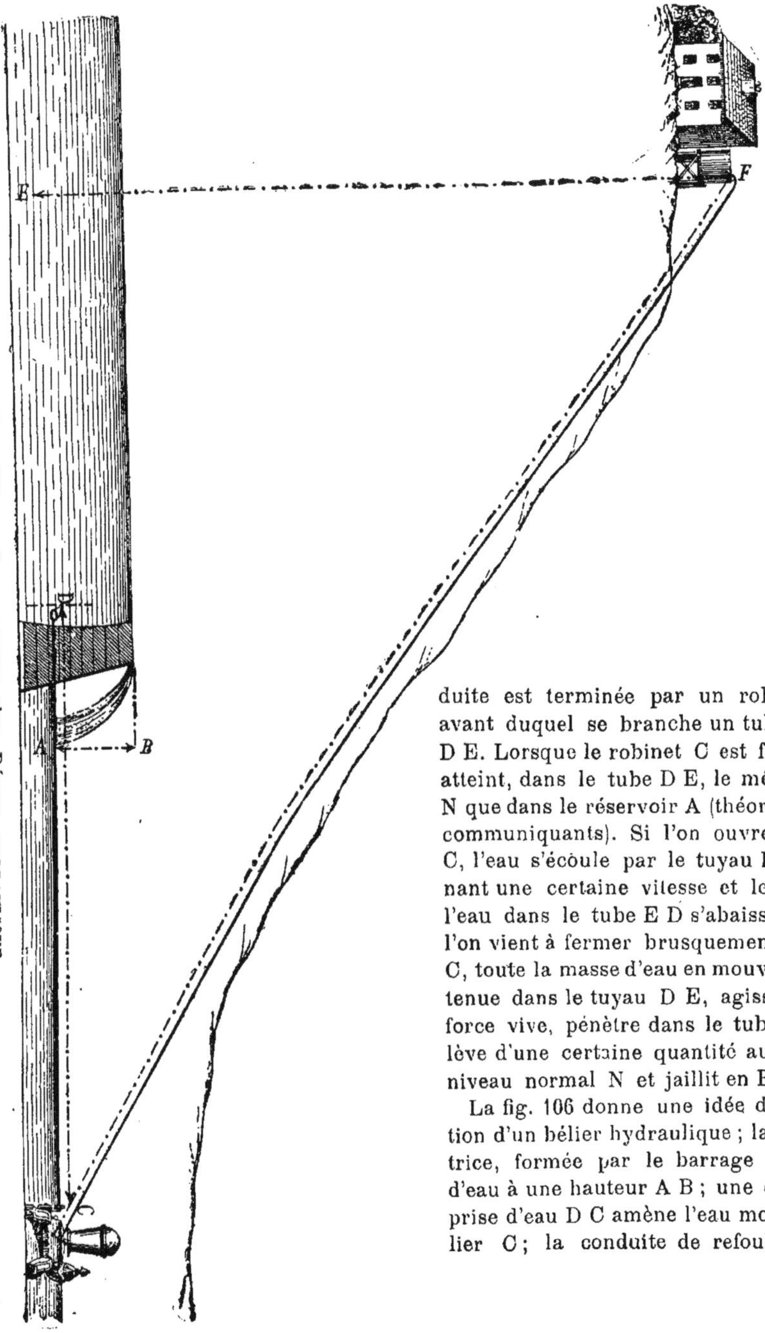

Fig. 106. — Installation d'un bélier hydraulique

duite est terminée par un robinet C en avant duquel se branche un tube vertical D E. Lorsque le robinet C est fermé, l'eau atteint, dans le tube D E, le même niveau N que dans le réservoir A (théorie des vases communiquants). Si l'on ouvre le robinet C, l'eau s'écoule par le tuyau B C en prenant une certaine vitesse et le niveau de l'eau dans le tube E D s'abaisse en m. Si l'on vient à fermer brusquement le robinet C, toute la masse d'eau en mouvement, contenue dans le tuyau D E, agissant par sa force vive, pénètre dans le tube D E, s'élève d'une certaine quantité au-dessus du niveau normal N et jaillit en E.

La fig. 106 donne une idée de l'installation d'un bélier hydraulique ; la chute motrice, formée par le barrage d'un cours d'eau à une hauteur A B ; une conduite de prise d'eau D C amène l'eau motrice au bélier C ; la conduite de refoulement C F

Fig. 107. — Bélier hydraulique (*Pécard*)

déverse, dans l'exemple donné par la fig. 106, dans un réservoir F situé à un niveau E F au-dessus du débouché du bélier C.

La conduite de prise d'eau se raccorde avec le corps du bélier et se termine par un orifice garni d'un clapet d'arrêt mobile dans le plan vertical. Sous la charge constante, l'eau s'écoule par l'orifice du bélier avec une vitesse uniformément accélérée qui, lorsqu'elle atteint une certaine limite, entraîne le clapet d'arrêt chargé d'obturer l'orifice précité. La colonne d'eau, subitement arrêtée dans son mouvement, sous l'influence de la force vive, réagit sur les parois de la conduite, soulève une petite soupape et pénètre dans un réservoir de compression. Dès que

Fig. 108. — Bélier hydraulique. — (*Pilter*)

la force vive est ainsi dépensée, cette soupape se referme et le clapet d'arrêt retombe en débouchant l'orifice de la conduite de prise d'eau.

A chaque coup de bélier (ou battement du clapet d'arrêt) une certaine quantité d'eau pénètre dans le réservoir de refoulement en comprimant l'air qui y est contenu à la partie supérieure ; l'eau ainsi refoulée s'échappe par un tube latéral à la machine (le tube C F de la fig. 106).

L'eau refoulée entraînant toujours une petite quantité de l'air contenu dans le réservoir de compression, il faut la remplacer continuellement afin d'obtenir le meilleur rendement possible ; l'alimentation automatique d'air se trouve dans les béliers perfectionnés de Bollée et de Durozoy. Sur la conduite de prise d'eau est branché un petit tube vertical terminé par une petite soupape spéciale appelée *reniflard*. Lorsque l'eau s'écoule par le clapet d'arrêt, le niveau descend dans le tube vertical en aspirant, par une soupape, l'air extérieur ; au moment du coup de bélier, l'eau remontant brusquement ferme la soupape du reniflard et force l'air comprimé à soulever une autre soupape et à pénétrer, par un tube spécial, dans le réservoir de compression : c'est donc une pompe à air dont l'eau joue le rôle de piston.

Les béliers les plus répandus en agriculture dérivent des modèles américains (fig. 107) qui n'ont pas de pompe à air ; ces machines se réduisent au tuyau moteur, au clapet d'écoulement et au réservoir de compression duquel débouche le tuyau de refoulement.

La fig. 108 représente le bélier de Douglas pour lequel il suffit d'une chute de 0 m. 75 seulement. La cloche à air est soigneusement faite, avec une fonte au bois à grain fin qui empêche les fuites d'air sous une forte pression. Le clapet est muni d'un écrou jouant le rôle de régulateur ; il permet de faire varier la course suivant le débit de la source, qui peut être très faible durant l'été et très abondant en hiver.

Pour une élévation d'eau à une distance de 200 mètres environ, le bélier Douglas peut élever la septième partie de l'eau à 5 fois la hauteur de chute, ou la quatorzième partie à 10 fois cette hauteur et ainsi de suite. Ainsi avec une chute de trois mètres et un débit de 21 litres par minute, le bélier peut élever par minute, 3 litres d'eau à 15 mètres, ou 1 litre 1/2 à 30 mètres, etc.

Le tuyau moteur doit avoir, suivant les béliers, une longueur déterminée de 7,50 à 20 mètres au moins ; lorsque la distance du bélier à la chute est plus petite que ces chiffres, on donne une longueur suffisante au tuyau moteur en le roulant sur lui-même en spirale comme le représente la fig. 109.

Voici quelques renseignements sur les béliers hydrauliques :

Béliers hydrauliques Douglas

(Th. Pilter)

Nos	POUR SOURCES DONNANT UN DÉBIT PAR MINUTE DE :	DIMENSIONS DE LA MACHINE			LONGUEUR du tuyau d'arrivée	DIAMÈTRE INTÉRIEUR DES TUYAUX	
		Hauteur	Longueur	Largeur		arrivée	refoulement minimum
2	3 à 8 litres	0 m. 25	0 m. 23	0 m. 16	8 mètres au moins 24 mètres au plus	21 m/m	12 m/m
3	6 16 »	0 29	0 30	0 19		27 »	15 »
4	12 28 »	0 36	0 31	0 23		33 »	15 »
5	24 50 »	0 51	0 35	0 27		50 »	21 »
6	48 100 »	0 65	0 41	0 37		60 »	27 »
7	80 160 »	0 76	0 43	0 40		66 »	33 »
10	100 300 »	1 05	0 80	0 77		100 »	50 »

Béliers hydrauliques

(Pécard)

NUMÉROS DES BÉLIERS	DIAMÈTRES DES TUYAUX		LONGUEUR MINIMA DU TUYAU D'ARRIVÉE	POUR SOURCES DONNANT UN DÉBIT PAR MINUTE
	Arrivée	Refoulement		
1	0 m. 020	0 m. 010	de 7 m. 50 à 12 m.	de 3 à 10 litres
2	0 025	0 010	7 50 12	5 20 »
3	0 038	0 013	7 50 12	15 35 »
4	0 050	0 025	7 50 12	20 65 »
5	0 063	0 032	9 50 12	45 110 »
6	0 100	0 050	9 50 12	60 270 »
7	0 150	0 065	9 50 15	90 500 »
8	0 230	0 090	9 50 15	320 1200 »

Les tuyaux peuvent être en plomb, en fer ou en fonte.

Une très belle installation de béliers hydrauliques a été faite par M. l'ingénieur Sciama dans sa propriété de la Châteline, commune de Bussière-Galand (Haute-Vienne) pour l'irrigation de 53 hectares 1/2 de prairies.

Fig. 109. — Bélier hydraulique. — (*Pécard*)

L'installation comporte deux béliers accouplés de Bollée, le premier refoulant dans le second.

Les prairies sont établies sur quatre étages élevés de 0 à 6 mètres,
de 6 à 9 »
de 9 à 12 »
de 12 à 14 » au-dessus du niveau de l'étang qui alimente le premier bélier.

Ce bélier est à 3 mètres 20 en contre-bas de l'étang et élève 17 litres d'eau par seconde à une hauteur de 6 mètres au-dessus de la chute ; ces eaux alimentent le second bélier qui refoule l'eau à 14 mètres au-dessus du niveau de l'étang.

Un jeu de robinet permet de régler la hauteur de l'ascension de l'eau suivant l'étage de la prairie à irriguer.

Lorsque l'eau est élevée à

6 mètres,	on obtient	17 litres	par seconde
9	—	12	—
12	—	9	—
14	—	7	—

Cette belle installation qui, en bloc, a coûté 10,000 francs, comprend 400 mètres de conduites en fonte de 0^m15 de diamètre intérieur qui sont revenus à 10 francs le mètre

Un seul homme est employé à l'entretien des béliers, à la manœuvre des robinets, à la conduite de l'irrigation et à la réparation des rigoles.

Il peut arriver, pour certaines installations, que l'on dispose d'une chute motrice dont l'eau ne peut être élevée directement pour les besoins de la consommation (eaux sales, eaux savonneuses d'un lavoir, etc.) Dans ce cas on emploie avantageusement le *Bélier pompe*, machine qui peut être considérée comme une pompe aspirante et foulante à diaphragme dont le moteur serait constitué par un bélier hydraulique ordinaire (le coup de bélier est utilisé pour faire mouvoir le diaphragme de la pompe).

Bélier d'épuisement

Au lieu de refouler une certaine quantité d'eau de la chute motrice, M. Leblanc a eu l'idée d'appliquer le bélier hydraulique à l'aspiration et de combiner une machine propre à l'épuisement.

Cette machine, qui peut trouver de nombreuses applications, fonctionne comme une pompe à double effet.

La machine, représentée schématiquement par la fig. 110, se compose d'une sorte de bâche E E qui reçoit les eaux d'une source, d'un ruisseau ou d'un réservoir supérieur F. Le fond de la bâche est percé de deux orifices que peuvent obturer des soupapes A et B réunies entr'elles par un balancier C D, oscillant autour du point O ; de telle sorte que quand une soupape est abaissée, l'autre est levée. L'eau motrice de la bâche E E s'écoulant, par exemple, par l'orifice B dans le tuyau H, s'anime d'un mouvement uniformément accéléré et acquiert bientôt une vitesse suffisante pour entraîner la soupape B qui s'applique sur son siège et soulève la soupape A (par l'intermédiaire des tringles B D et C A et du balancier C D).

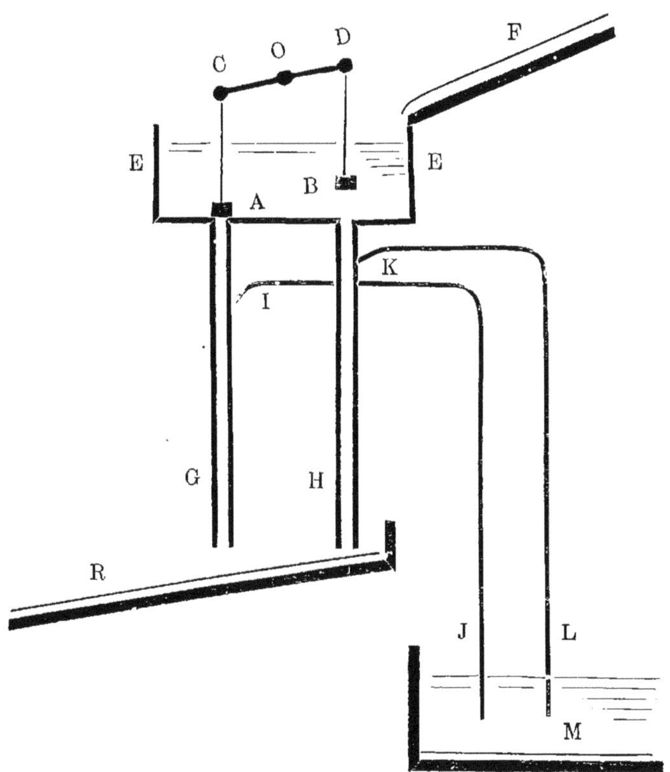

Fig. 110. — SCHÉMA DU BÉLIER D'ÉPUISEMENT DE LEBLANC

L'eau s'écoule alternativement par les tuyaux G et H. A chaque fermeture de soupape il se produit une dépression dans le tuyau correspondant, dépression qui a pour effet d'élever l'eau d'un réservoir M par l'intermédiaire des tuyaux I J ou K L.

Dans la pratique les deux tuyaux d'aspiration I et K se réunissent en un seul que complète un jeu de soupapes convenablement disposées. Le réservoir M reçoit les eaux de l'étang ou du marais qu'il s'agit de dessécher ; les eaux d'épuisement se réunissent aux eaux motrices et sont évacuées dans un chenal spécial R qui les conduit au thalweg de la vallée.

TRAVAIL DES BÉLIERS HYDRAULIQUES

Le rendement des béliers atteint 65 % et 67 %, chiffre très élevé si l'on considère que la machine est à la fois motrice et réceptrice.

Le tableau suivant (de Claudel) donne des résultats d'expériences faites sur différents béliers hydrauliques de Montgolfier.

TUYAU CONDUCTEUR		HAUTEUR		EAU FOURNIE PAR LA SOURCE EN 1 MINUTE	EAU ÉLEVÉE PAR MINUTE	RAPPORT de l'effet utile à l'effet dépensé
Diamètre	Longueur	de chute	d'élévation			
mèt.	mèt.	mèt.	mèt.	litres	litres	
»	»	2.60	16.06	68.00	6.24	0.570
0.108	33.00	11.37	59.44	140.00	17.50	0.653
0.054	32.50	10.60	34.10	84 00	17.00	0.651
0.203	8.00	0.979	4.55	1987.00	269 00	0.629
0.027	33.00	7.00	60.00	12.42	0.97	0.670

L'ingénieur Eytelwein, qui fit à Berlin, en 1804, près de 1123 expériences sur deux béliers hydauliques, donne les dimensions suivantes du bélier reconnu le plus avantageux :

Tuyau moteur . . .	Longueur	13 m.33
	Diamètre	0 0588
	Section	0 mq.00 27 15
Tuyau de refoulement	Diamètre	0 0268
	Section	0 mq.00 05 64 1

Capacité du réservoir d'air. 0 mc.008 8

Aire de l'ouverture de la soupape d'arrêt. 0 mq.0024

Avec ce bélier, il a obtenu les résultats suivants :

Expériences d'Eytelwein

NOMBRE de battements du clapet d'arrêt par minute	HAUTEUR		QUANTITÉ D'EAU PAR SECONDE		RENDEMENT OU EFFET UTILE
	de la chute	du refoulement	dépensée ou motrice	élevée	
	mètres	mètres	litres	litres	pour cent
10	0 601	10.78	44.6	0.41	18.1
14	0.758	10.78	54.8	1.00	28.4
17	0.915	9.81	49.1	2.18	47.3
23	1.255	11.78	50.5	2.95	54.8
26	1.386	9.86	23.8	2.25	67.2
31	1.543	11.76	36.6	3.20	66.7
36	1.843	11.78	40.4	4.78	75.4
42	2.262	11.78	45.1	6.82	78.4
45	0.981	11.78	56.1	1.65	35.2
45	2.661	11.78	49.8	9 52	84.5
50	3.027	11.78	54.6	11.92	85.0
52	2.437	9.86	37.1	7.67	84.7
54	3.099	9.86	63.5	17.42	87.3
66	3.066	8.017	48.4	15.40	90.0

Après Eytelwein, d'Aubusson puis le général Morin étudièrent les béliers et fixèrent les règles empiriques relatives à l'établissement de ces machines.

Quoique le rendement ne soit guère modifié lorsque le clapet moteur est noyé, il convient d'établir les béliers de telle sorte que cette soupape ne soit noyée que pendant les crues accidentelles du bief d'aval.

ANNEXE

ACCESSSOIRES DES MACHINES ÉLÉVATOIRES

Nous nous proposons d'étudier, dans cette dernière partie, les organes et appareils accessoires des machines que nous venons de passer en revue.

Nous examinerons successivement :

I. — Les appareils d'aspiration.
II. — Les tuyaux et conduites.

1. — Conduites flexibles.
2. — Conduites rigides.

III. — Les appareils de refoulement.
IV. — Données pratiques sur l'installation des conduites d'eau.

I

LES APPAREILS D'ASPIRATION

L'extrémité du tuyau d'aspiration, qui plonge dans le liquide à élever, est terminée par une pièce appelée *crépine*, jouant le rôle de filtre et destinée à empêcher l'introduction des matières étrangères qui pourraient occasionner des avaries aux organes de la machine.

Dans certains cas spéciaux, la crépine d'aspiration est supprimée, comme dans les pompes à vins et les pompes à vidange ou à purin. Les fig. 53, 54 et 55 représentent le tuyau métallique, généralement en cuivre, que l'on plonge par la bonde dans les barriques à vider.

FIG. 111. — EXTRÉMITÉ D'UN TUYAU D'ASPIRATION.

Afin d'éviter que le plongeur ne descende jusqu'au fond du réservoir à soutirer (ce qui serait un inconvénient pour les vins qui laissent une couche de lie), on peut employer un tuyau muni d'une culasse en bronze dont la tige filetée d'une certaine longueur permet de régler à volonté la hauteur du liquide que l'on désire laisser dans le réservoir.

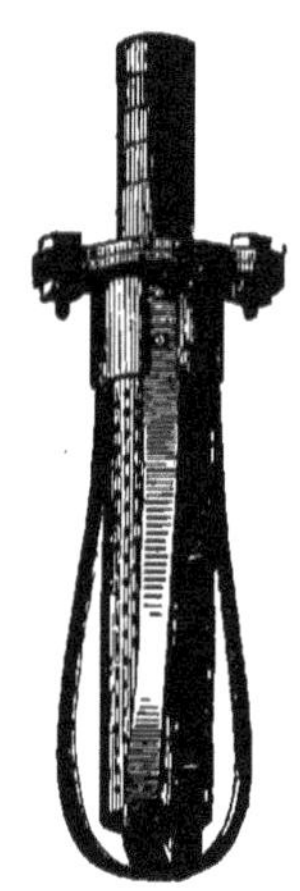
FIG. 113. — CRÉPINE D'ASPIRATION. (*Senet*).

Pour les pompesà purin et à vidange, on supprime la crépine afin que la machine puisse élever en même temps que le liquide, les matières en suspension que celui-ci renferme. Dans la Pompe « Fauler », fig. 14-15-16 et 17, le liquide pénètre dans la machine élévatoire par une lanterne (n° 13, fig. 15) de 0m15 de hauteur percée d'orifices allongés.

FIG. 112. — CRÉPINE D'ASPIRATION. (*Senet*).

Les crépines sont construites de différentes façons. Dans le cas le plus simple, applicable aux pompes fixes, l'extrémité du tuyau d'aspiration A (fig. 111) est obturée par un bouchon B et percée sur une certaine hauteur d'un grand nombre de trous C par lesquels l'eau pénètre. La fig. 63 donne un exemple de cette crépine ; lorsque le tuyau d'aspiration est en plomb, au lieu de mettre un bouchon en B, on pince le tube et on le mate ou on le soude.

La dimension des trous des crépines doit être telle que les matières étrangères qui peuvent pénétrer par ces trous soient assez petites pour ne pas détériorer le mécanisme de la pompe (clapets, garnitures du piston) ou obturer les lumières du cylindre. Le nombre des trous doit être suffisant pour que leur surface totale soit au moins deux fois plus grande que la section du tuyau d'aspiration (pour les pompes à bras) ; pour les grandes pompes au moteur, cette surface est jusquà cinq fois plus grande, sinon l'eau éprouverait une trop forte résistance à l'écoulement qui se ferait sentir dans la manœuvre de la machine et diminuerait le rendement de la pompe ; il n'y a jamais d'inconvénient à avoir une crépine d'aspiration trop grande.

La crépine la plus simple est constituée par un tronc de cône métallique dont la petite base se raccorde avec le tuyau d'aspiration ; la surface latérale du tronc de cône est percée de trous (fig. 27, fig. 48).

Les figures 36 et 42 montrent des crépines d'aspiration constituées par des pommes d'arrosoir.

La fig. 112 représente une crépine en forme de cloche. La figure 113 montre une crépine

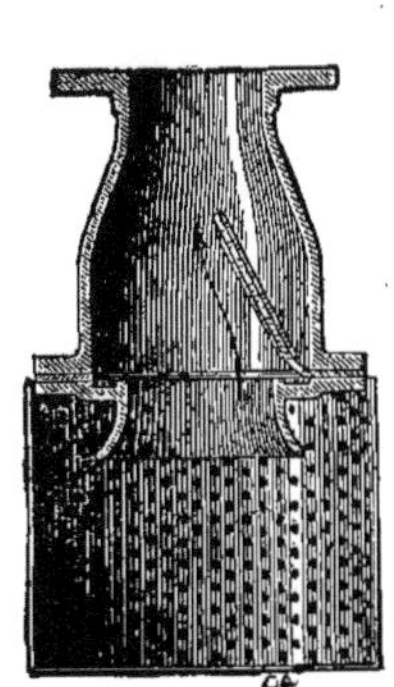

Fig. 114. — Coupe d'un clapet de pied. — *(Dumont)*

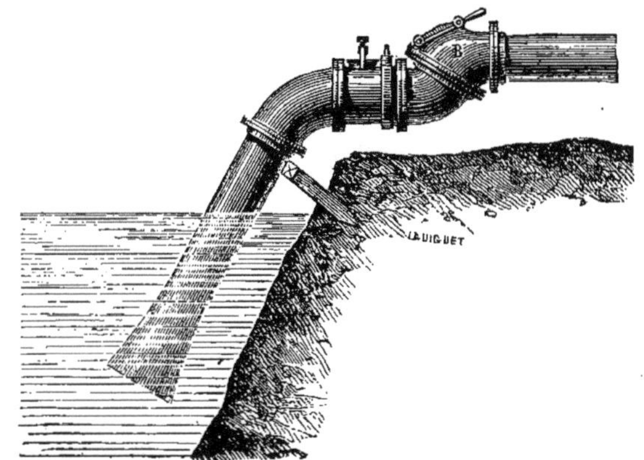

Fig. 115. — Montage de l'aspiration (grille et clapet de retenue

qui se rapproche du système le plus simple décrit précédemment à la fig. 111, mais qui est protégée par quatre bandes de fer ; ce genre de crépine convient aux pompes locomobiles avec lesquelles le tuyau d'aspiration est jeté au premier endroit venu dans le liquide à élever ; les bandes de fer ont pour but d'empêcher la crépine d'être en contact avec la vase du fond ou avec les berges du bief d'aval.

Les pompes au moteur sont pourvues d'un *clapet de pied*, sorte de soupape fixée à la crépine ; ce clapet s'ouvre lors du fonctionnement de la machine et se ferme automatiquement lors de l'arrêt afin de laisser la machine amorcée. La fig. 114 montre la combinaison du clapet de pied avec la crépine d'aspiration ; le clapet de pied est représenté ouvert et la flèche indique la marche du liquide.

Pour les usines établies le long des cours d'eau et pour les chantiers de submersion ou d'épuisement des travaux publics, le tuyau d'aspiration a une certaine longeur horizontale et souvent son extrémité est inabordable ; dans ce cas, on laisse la prise d'eau complètement ouverte et on place un clapet de retenue sur la conduite à une certaine distance en avant de la pompe.

La fig. 115 montre nettement cette disposition ainsi que le clapet B muni d'un regard qui permet la visite et le nettoyage de la grille placée en avant tout en laissant la pompe amorcée. La fig. 116 donne la coupe de ce clapet de retenue et représente la soupape ouverte. (La flèche indique la marche des filets liquides.)

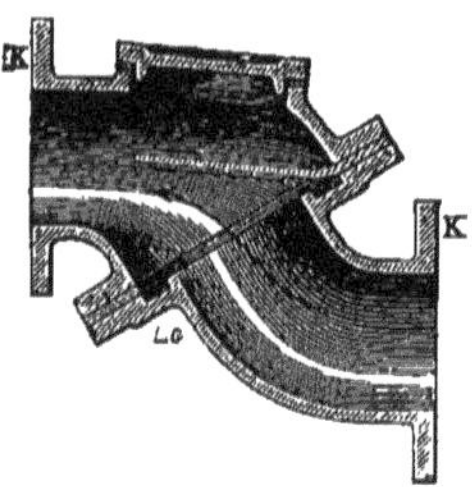

FIG. 116. — COUPE DU CLAPET DE RETENUE. — *(Dumont)*

FIG. 117-118. — ELÉVATION ET PROFIL D'UNE GRILLE. — *(Dumont)*

La grille de la fig. 115, représentée séparée aux fig. 117 et 118, remplace avantageusement les crépines pour les grandes pompes. Cette grille s'intercalle sur la conduite d'aspiration en avant du clapet. Dans le cas des installations fixes de dessèchement, le bief d'aval est pouvu à l'entrée d'une grille fixe qui arrête les herbes et les corps flottants ainsi que nous en avons donné un exemple à la fig. 99.

Pour les petites pompes, notamment les pompes rotatives qui servent au transvasement des vins, on place du côté de l'aspiration une lanterne à grille qui empêche les matières en suspension (chiffons, éclats de bois, bouchons, etc.) de s'engager dans les organes de la machine. La lanterne se compose de deux pièces en bronze vissées l'une sur l'autre en formant un réservoir cylindrique dans lequel se trouve une grille métallique ; deux bouchons à vis (regards) permettent le nettoyage du système.

II

LES TUYAUX & CONDUITES

Les tuyaux d'une machine élévatoire sont de deux sortes : ceux de l'aspiration et ceux du refoulement. Pour certaines machines l'un des deux est quelquefois supprimé ; ainsi pour les pompes foulantes il n'y a pas de tuyau d'aspiration ; pour les pompes aspirantes il n'y a aucun tuyau de refoulement.

Pour les pompes établies à poste fixe, ou dont les déplacements s'effectuent à de grands intervalles, les conduites sont rigides, au contraire les tuyaux sont flexibles pour les pompes locomobiles et en général pour les pompes à bras.

1. — Conduites flexibles

Les conduites flexibles sont en caoutchouc, en cuir ou en toile. Leur construction dépend de leur affectation (aspiration ou refoulement).

La conduite d'aspiration, sous l'influence de la pression extérieure, a toujours tendance à s'aplatir ; aussi la construit-on en matériaux épais (fig. 27) ou en la garnissant intérieurement d'une spirale en fer ainsi que l'indiquent les figures 36, 49, 50, 53, 54, 55, 58, 59 et 65.

La conduite de refoulement, sous l'action de la pression intérieure tend à se distendre : elle s'ouvre toujours pour le passage du liquide et n'a pas besoin de garniture intérieure.

Les tuyaux flexibles en caoutchouc se fabriquent aujourd'hui à bas prix et sont d'un maniement facile. Les conduites en cuir sont formées de feuilles rivées ; elles doivent être soigneusement graissées sinon leur durée est limitée ; quant aux conduites en toile, elles se fendillent en se séchant et présentent de nombreuses fuites après un temps de service relativement court.

Lorsqu'il s'agit d'une pompe locomobile, qui fonctionne souvent, il est recommandable de protéger de l'usure les tuyaux en caoutchouc par une enveloppe en toile ou mieux en cuir léger.

Ces différents genres de conduites flexibles s'établissent par bouts de longueur déterminée raccordés entre-eux à l'aide de différents systèmes.

Le plus simple consiste à employer des raccords à oreilles ; chaque extrémité de la conduite est terminée par un petit tuyau métallique muni d'une plaque de joint ; les deux plaques de joint consécutives (fig. 119) sont placées l'une au bout de l'autre avec une rondelle de caoutchouc ou de cuir graissé et l'ensemble est serré au moyen de deux boulons.

On emploie le raccord à pas de vis, qui se fait plus rapidement que le précédent ; une des parties métalliques constitue le bout mâle et porte un filet de vis (fig. 120) ; l'autre partie (bout femelle) est munie d'un écrou à saillies extérieures qui se visse sur le bout mâle ; l'écrou est serré avec une clef spéciale qui mord dans ces saillies. La fig. 121 montre les deux bouts assemblés ; la fig. 122 représente un raccord intermédiaire en courbe. Les conduites flexibles ne sont bonnes que pour des parties droites ou très peu cintrées, si non la conduite se déforme à l'endroit du coude et se détériore rapidement, aussi les coudes métalliques sont-ils à conseiller.

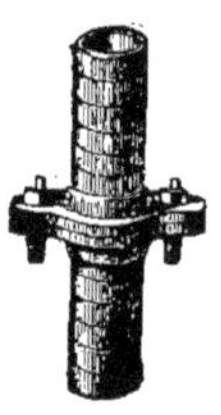

Fig. 119. — Raccord a oreilles. — (*Senet*)

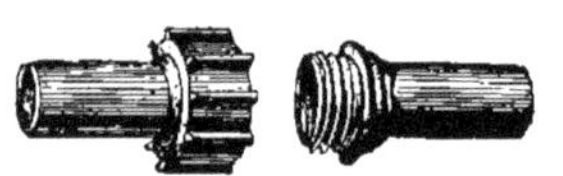

Fig. 120. — Raccord a pas de vis ; pièces séparées — (*Senet*).

Fig. 121. — Raccord a pas de vis ; pièces assemblées. — (*Senet*).

Pour éviter le serrage à l'aide de clefs, on peut employer les raccords à levier de Beaume. Le bout mâle porte un rebord s'appliquant sur une rondelle en caoutchouc qui repose sur une portée intérieure du bout femelle ; le serrage est obtenu à l'aide d'un petit levier dont la petite branche est montée en excentrique. En plaçant le bout mâle sur la rondelle du bout femelle et en appuyant sur le levier, celui-ci serre très énergiquement les deux pièces l'une contre l'autre ; une rondelle, qui fait corps avec le bout mâle, protège l'extrémité du levier et empêche le desserrage lorsque l'on déplace la conduite en la ripant sur le sol.

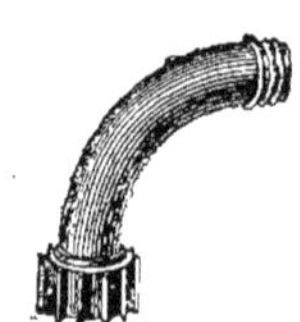

Fig. 122. — Raccord intermédiaire coudé.

Les différents raccords que nous venons d'examiner s'emboîtent dans les embouchures des conduites flexibles ; ils portent des rainures ou des cannelures (fig. 119) et les deux pièces sont rendues solidaires au moyen d'une ligature en fils de fer que l'on serre à l'extérieur ainsi que le représente la fig. 27 (ligature de la crépine avec le tuyau d'aspiration). — La ligature en fil de fer se coupe rapidement ; si le fil n'est pas galvanisé, il s'oxyde et détériore les tuyaux, aussi le remplace-t-on avantageusement par un collier-ligature en métal, généralement en cuivre, que l'on serre à l'aide d'un petit boulon.

2. — Conduites rigides

Les conduites fixes s'établissent en terre cuite ou poterie, en plomb, en fer étiré, en fonte ou en tôle galvanisée (1).

L'emploi des tuyaux en poterie est toujours restreint. En 1838, M. Zeller fabriquait, à Ollwiller (Haut-Rhin), des tuyaux en terre cuite émaillée ; la terre était bien préparée et le moulage s'effectuait sous une forte pression. Des ingénieurs firent en 1862 à l'arsenal de Besançon, sur les tuyaux de Zeller, des expériences qui ont fourni les résultats suivants :

DIAMÈTRES DES TUYAUX EN MILLIMÈTRES	PRESSIONS EN ATMOSPHÈRES RÉALISÉES AU MOMENT DE LA RUPTURE	OBSERVATIONS
30	31	
40	24	Ce tuyau avait été enfoui dans le sol depuis 17 ans
53	22	
75	34	
93	25	
120	15	
141	21	
175	14	
240	15	

Aujourd'hui on emploie beaucoup de tuyaux en grès vernissé, notamment à Paris pour les installations du « *tout à l'égout* ». Voici quelques chiffres relatifs à ces tuyaux.

(1) L'épaisseur à donner aux tuyaux dépend de la pression intérieure à laquelle ils sont soumis ; dans les arts, les épaisseurs se calculent à l'aide des formules suivantes dans lesquelles :

e représente l'épaiseur du tuyau (exprimée en fractions décimales de mètres)
D le diamètre intérieur des tuyaux (dito)
n la pression à laquelle on essaye les tuyaux, (en atmosphères).

Plomb	$e = 0{,}005 + 0{,}00242\ Dn$
Fer	$e = 0{,}003 + 0{,}00086\ Dn$
Fonte { coulée horizontalement	$e = 0{,}010 + 0{,}00200\ Dn$
Fonte { coulée verticalement	$e = 0{,}008 + 0{,}00160\ Dn$
Cuivre laminé	$e = 0{,}004 + 0{,}00147\ Dn$
Zinc	$e = 0{,}004 + 0{,}00620\ Dn$
Bois	$e = 0{,}027 + 0{,}03230\ Dn$
Pierres naturelles	$e = 0{,}030 + 0{,}00363\ Dn$
Pierres artificielles, béton, ciment, terre cuite	$e = 0{,}040 + 0{,}00538\ Dn$

Résultats des essais faits en 1887, au Laboratoire de l'Ecole Nationale des Ponts et Chaussées

(Compagnie des grès français de Pouilly-sur-Saône)

DIMENSIONS DES TUYAUX		PRESSION DE RUPTURE	OBSERVATIONS
Diamètres en millimètres	Epaisseur en millimètres		
120	14	3 k. 5	Cassure diamétrale rectiligne normale
120	13	9 »	» ondulée
150	15	6 5	» normale
150	15	5 »	» ondulée
220	18	6 5	» normale
220	18	6 »	» »
300	23	5 »	» »

Dimension des tuyaux en grès vernissé

(Jeanménil et Rambervillers)

TUYAUX POUR FAIBLE PRESSION		TUYAUX POUR CONDUITE D'EAU FORCÉE	
Diamètre en millimètres	Poids du mètre courant	Diamètre en millimètres	Poids du mètre courant
50	7 k.	30	7 k. 500
75	10	40	8 500
100	13	50	9 750
125	19	60	10 900
150	23	70	14 000
160	25	80	17 200
175	27	90	19 000
200	32	100	23 050
225	37	120	26 500
250	45	140	29 500
300	60	150	38 500
350	90	160	39 500
375	110	180	45 000
400	120	200	51 000
450	145	220	55 000
500	180	250	80 000

Les tuyaux de ce système, pour conduite forcée, ont été essayés en 1885 au laboratoire de l'Ecole Nationale des Ponts et Chaussées, et la rupture s'est produite sous les charges suivantes :

DIMENSIONS DES TUYAUX		PRESSION DE RUPTURE
Diamètre en millimètres	Epaisseur en millimètres	
40	18	30 k. 00
80	20	25 75
140	21	17 66
200	23	10 75

Toutes ces conduites en terre ou grès sont à emboitement et le joint est garni au ciment. Quelquefois on emploie des conduites en ciment ou en béton de ciment. En tous cas, ces tuyaux ne conviennent que pour les canalisations établies à poste fixe ; ils sont d'un prix moins élevé que les tuyaux en fonte, mais il est prudent de ne les faire travailler qu'à de faibles pressions.

Les tuyaux en bois sont peu employés : leur résistance à la traction est énorme, mais ils pourissent rapidement ; on utilise le chêne, l'aune et l'orme. Leur usage n'est à recommander que pour les petites installations temporaires.

Les tuyaux en plomb ne conviennent que pour les petits diamètres (à cause du prix) et pour les installations fixes. Ces tuyaux se comportent très bien sous terre et se coudent avec la plus grande facilité ; les joints sont soudés entre eux, sauf à la pompe et à la crépine où l'on fait usage de brides de serrage avec rondelles de caoutchouc ou de cuir.

Tuyaux en plomb

(*Modèles employés à Paris*)

Diamètres en millimètres	13	20	25	27	30	35	40	45	50	60	81	108
Epaisseur en millimètres	5	6	6	7	7	7	7	7	7	7	8	8

Les tuyaux en fer étiré s'emploient dans les mêmes conditions que les précédents ; les bouts, munis d'un pas de vis, sont réunis par des brides qui, formant écrous, constituent un joint étanche, surtout si l'on a soin de mettre un peu de mastic.

Dans certaines installations industrielles, pour les vins, alcools, sucres, etc., etc., on emploie des tuyaux en cuivre qui sont d'un prix beaucoup plus élevé.

Les tuyaux en fonte, qui se fabriquent d'une façon courante dans les usines métallurgiques, sont d'un bas prix, mais à cause de leur poids, sont peu maniables et ne peuvent convenir qu'aux installations fixes ; ils remplacent avantageusement les tuyaux en fer et se comportent très bien comme conduites souterraines.

Les tuyaux en fonte peuvent s'altérer par oxydation intérieure et extérieure ; souvent même le sol contient des matières que peuvent attaquer la conduite, que l'on protège de différentes façons. Pour une conduite en fonte alimentée par des eaux acides, M. Junker avait eu l'idée d'essayer les tuyaux avec de l'huile laquelle, sous l'influence de la pression, pénétrait dans les pores de la fonte et jouait le rôle de vernis. Cet excellent procédé est très coûteux. A Amiens, en 1846, on appliqua la méthode de M. Junker en la modifiant : des tuyaux furent immergés à chaud dans un bain d'huile siccative additonnée de 5 pour cent de son poids de cire ; il n'y a pas eu traces d'oxydation. Actuellement on emploie le coaltar fondu dans une chaudière et dans laquelle on plonge les tuyaux : la couche protectrice s'étend sur toutes les faces, à l'intérieur et à l'extérieur, et garantit suffisamment bien la conduite.

On utilise aussi, pour les installations fixes les conduites en tôle bitumée.

Ces tuyaux, par bouts d'environ 4 mètres de longueur en tôle plombée, sont soudés et rivés suivant une génératrice et préservés de l'oxydation par une couche de bitume minéral à l'intérieur. et de bitume ordinaire mélangé à du sable à l'extérieur.

Ces tuyaux sont légèrement coniques et s'emboitent les uns dans le bout des autres ; l'emboitement est garni d'un peu de filasse imprégnée de graisse mélangée à de la plombagine en poudre très fine. En poussant l'un des tuyaux dans l'autre, avec un mandrin en bois sur lequel on frappe à coups de maillet, on obtient un joint bien fait et absolument étanche.

Voici quelques renseignements sur ces tuyaux :

Tuyaux en tôle bitumée

(Modèles employés à Paris)

Diamètres en millimètres	81	108	135	162	190	216	250	300	325	350
Epaisseur des tôles en m/m	1.1	1.2	1.3	1.4	1.5	1.6	1.7	1.8	1.9	2.0
Epaisseur du bitume en m/m	12	13	14	14	15	15	16	17	17	18

Les tuyaux en tôle (galvanisée ou non), sont, à résistance égale, plus légers que les précédents et conviennent pour les chantiers d'épuisement, d'irrigation et de submersion. Les tuyaux en tôle non galvanisée conviennent pour les diamètres supérieurs à 0^m40 alors que les tôles de 4 millimètres d'épaisseur permettent un rivage plus facile et une étanchéité parfaite sans avoir besoin de recourir à la galvanisation.

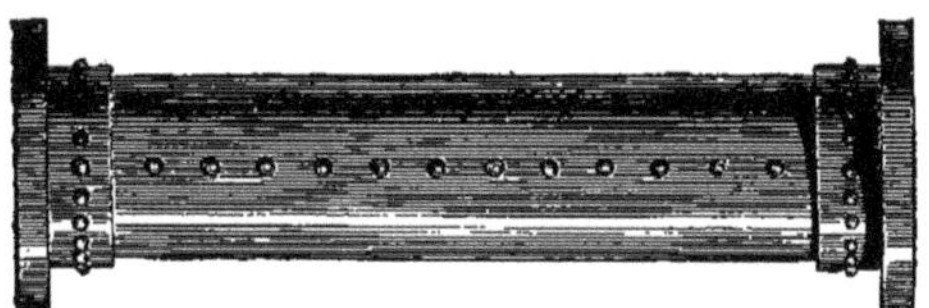

FIG. 123. — TUYAU EN TÔLE. — (*Dumont*)

Les tuyaux en tôle sont rivés suivant une génératrice (fig. 123) et sont terminés par une bride à chaque extrémité ; on les construit droits (fig. 123) de toutes longueurs ou en courbe avec différentes courbures, au 1/4 de circonférence (fig. 124), au 1/6 (fig. 125), au 1/8 (fig. 126), au 1/16 (fig. 127). On construit également des parties coniques (fig. 128) permettant de raccorder des conduites de différents diamètres.

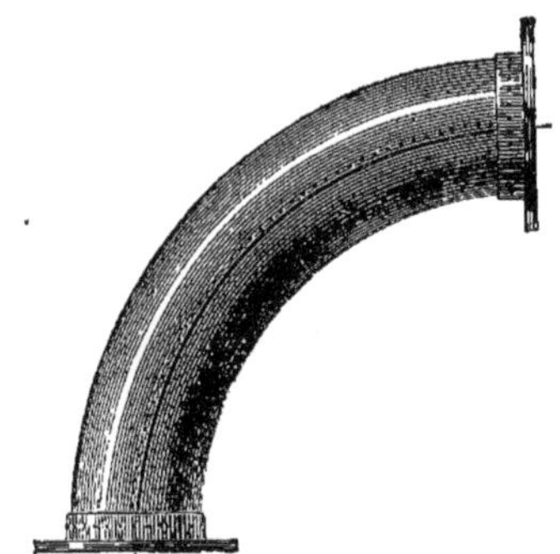

FIG. 124. — TUYAU COURBE AU 1/4. — (*Dumont*)

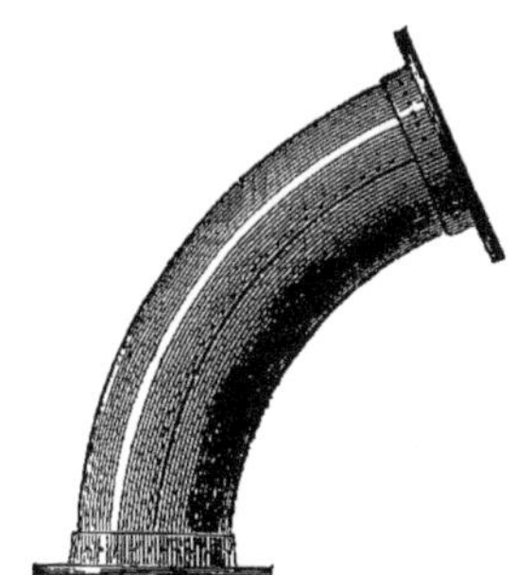

FIG. 125. — TUYAU COURBE AU 1/6

Les tuyaux flexibles que l'on intercalle dans la conduite rigide facilitent beaucoup l'installation des pompes temporaires et permettent de placer plus facilement, suivant les exigences du terrain, les conduites d'aspiration et de refoulement. Ces tuyaux sont en caoutchouc avec spirale intérieure ; leurs deux extrémités sont terminées par des brides en tôle galvanisée (fig. 129). Ces parties flexibles se placent entre deux parties rigides reposant sur le sol ou sur des simples chevalets en bois ainsi que le montre la fig. 130. Chaque extrémité de la partie flexible doit être solidement maintenue en place ; il faut éviter, dans le montage, qu'elle soit soumise à un effort de traction.

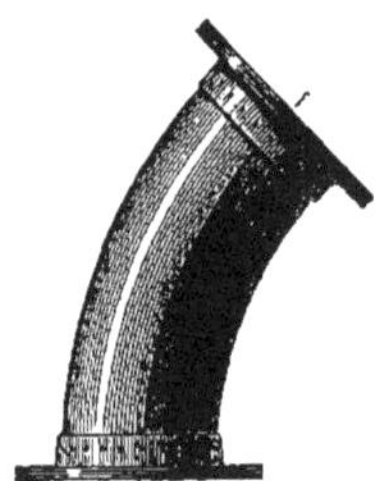

FIG. 126. — TUYAU COURBE AU 1/8

FIG. 127. — TUYAU COURBE AU 1/16

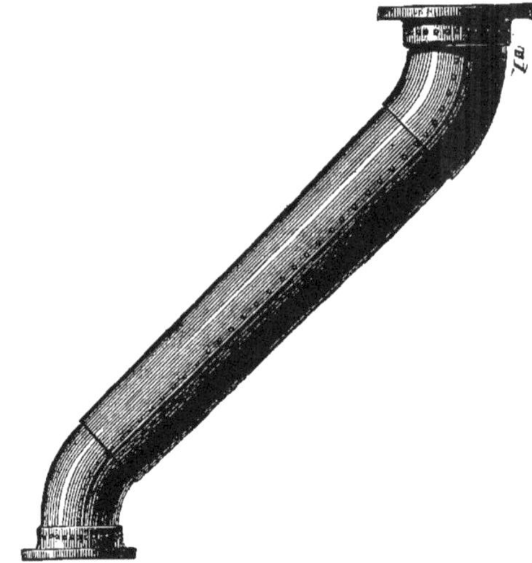

FIG. 128. — TUYAU CONE, RACCORDÉ AVEC DEUX TUYAUX COURBES DE DIFFÉRENTS DIAMÈTRES. — *(Dumont)*

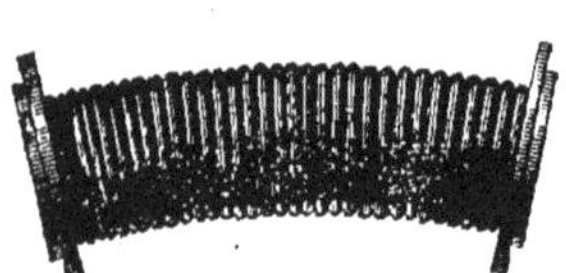

FIG. 129. — RACCORD FLEXIBLE. — *(Dumont)*

FIG. 130. — MONTAGE D'UN RACCORD FLEXIBLE

Quel que soit le genre du tuyau qui doit constituer une conduite, on doit chercher autant que possible à employer les plus longs afin de diminuer le nombre des joints qui s'obtiennent de différentes façons que nous allons examiner.

Nous ne nous arrêterons pas aux joints en ciment des conduites en poterie, ni aux joints en chanvre et plomb matté de force dans une rainure des conduites fixes en fonte.

La pompe Fauler, fig. 15, nous donne un exemple de joint très simple. Les tuyaux en fonte sont amincis à une extrémité et terminés en entonnoir à l'autre extrémité portant une rainure intérieure destinée à recevoir une bague en caoutchouc. Ces tuyaux s'emboîtent très facilement à l'aide d'un coup de maillet. La coupe fig. 15 représente bien l'assemblage du tuyau n° 10 avec le coude n° 9. Au lieu d'effectuer le serrage à coups de maillet, on peut employer des coins en bois ou en métal; l'assemblage est comme le précédent avec une rainure et une bague en caoutchouc, mais le bout femelle (fig. 131) porte deux étriers dans lesquels on enfonce des coins qui appuient sur des embases faisant corps avec ce dernier et serrent très énergiquement le bout mâle contre le bout femelle ; ce système qui n'a pas de boulons se monte et se démonte très rapidement, mais il faut avoir soin de ne pas le serrer à fond afin d'éviter l'écrasement de la bague de caoutchouc, ce que du reste, on est par trop tenté de faire avec n'importe quel joint.

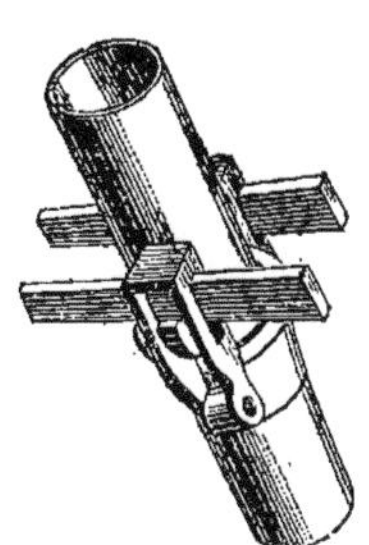

FIG. 131. — JOINT A COINS DE SERRAGE. *(Sauzay)*

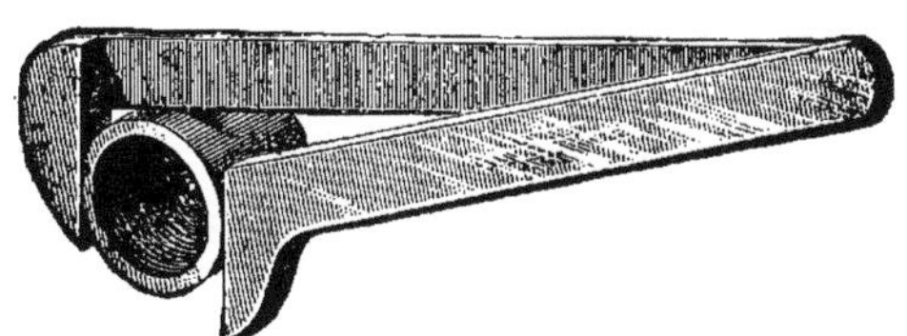

FIG. 132. — CLEF POUR BAGUES DE SERRAGE. — *(Pilter)*

Les tuyaux (en fer étiré) peuvent se terminer par une partie filetée et le joint est formé par une sorte de bague taraudée qui joue le rôle d'écrou. La fig. 72 montre deux de ces bagues (à l'aspiration et au refoulement), qui portent deux saillies diamétralement opposées à l'aide desquelles on peut les tourner avec une clef spéciale. La fig. 67 montre l'assemblage (au tuyau d'aspiration) avec bague complètement cylindrique ; le serrage s'effectue à l'aide d'une clef ad hoc représentée par la fig. 132 qui montre en même temps la partie filetée intérieure de la bague.

Le plus ordinairement les bouts des tuyaux sont terminés par des embases percées de trous ; on rapproche deux embases en intercalant une rondelle de caoutchouc ou de cuir graissé et l'on serre à l'aide de boulons.

Les figures 47 (à l'aspiration), 75 et 83 montrent de ces brides à deux boulons. La fig.

41, une bride à quatre boulons ; la fig. 96 des brides à six boulons ; la fig. 91 une bride à huit boulons (deux de ces brides montées sont représentées par la fig. 98).

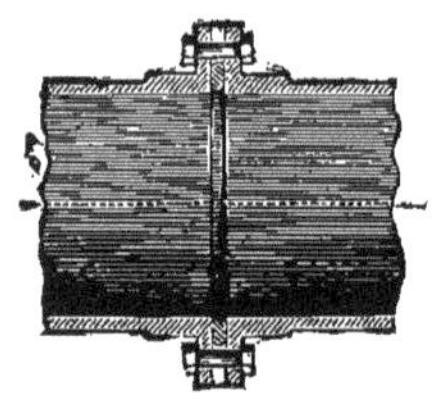

Fig. 133. — Coupe d'un joint a bride. *(Dumont)*

Fig. 134. — Coupe de la rondelle de caoutchouc.

Fig. 135. — Coupe d'une rondelle conique.

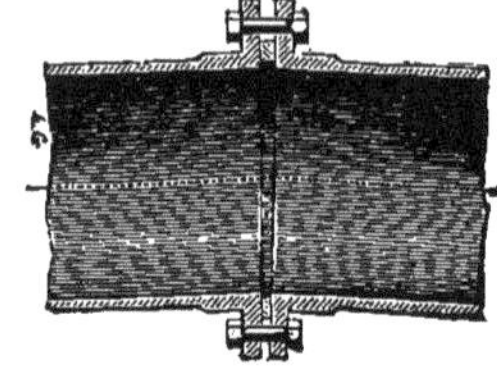

Fig. 136. — Coupe d'un joint a bride avec rondelle cone. — *(Dumont)*.

Quel que soit le nombre des boulons, la fig. 133 donne une coupe de ce montage. Entre les deux embases serrées par les boulons se trouve une rondelle de caoutchouc représentée fig. 134.

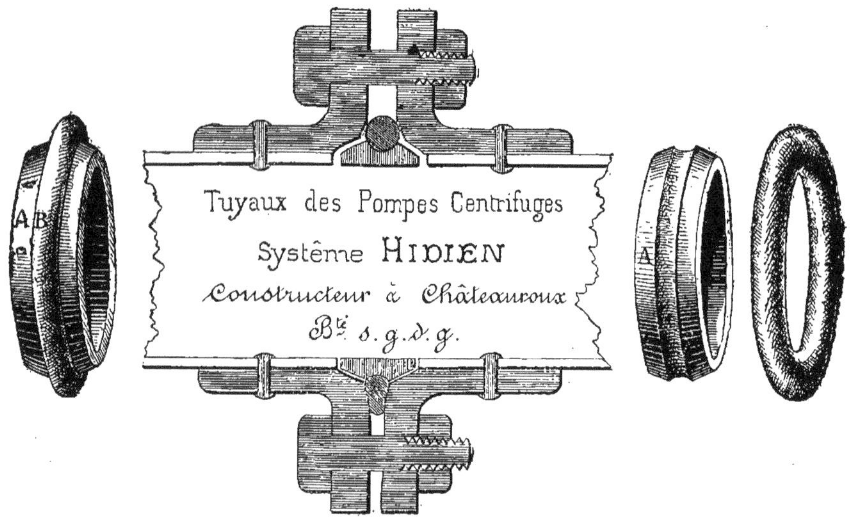

Fig. 137. — Joint a bague. — *(Hidien)*

On peut, en employant des rondelles coniques plus épaisses d'un côté que de l'autre (vue en coupe, fig. 135) permettre une légère déviation dans l'axe de la conduite et faciliter le montage (fig. 136).

Au lieu d'avoir des brides percées de trous dans lesquels on passe les boulons, ce qui oblige à desserrer les écrous complètement, on peut employer les brides représentées sur la fig. 94 ; des encoches ménagées dans les brides permettent de passer les boulons et de les retirer sans avoir besoin de défaire complètement l'écrou : le montage et le démontage s'effectuent rapidement.

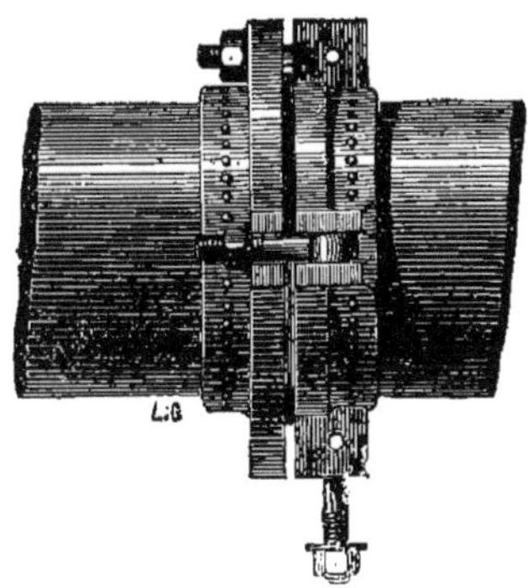

FIG. 138. — BRIDE A BOULONS A BASCULE. — *(Dumont)*

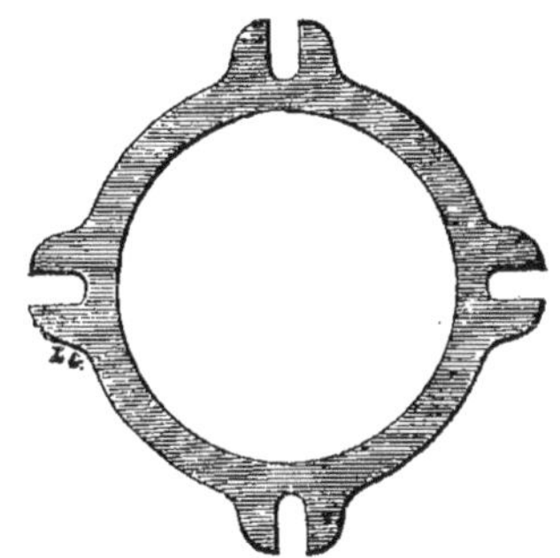

FIG. 139. — VUE DE FACE DE LA BRIDE DU JOINT PRÉCÉDENT

En vue d'éviter les fuites, les constructeurs ont été amenés à imaginer des joints spéciaux dont nous allons donner quelques spécimens en dehors de ceux que nous avons précédemment cités.

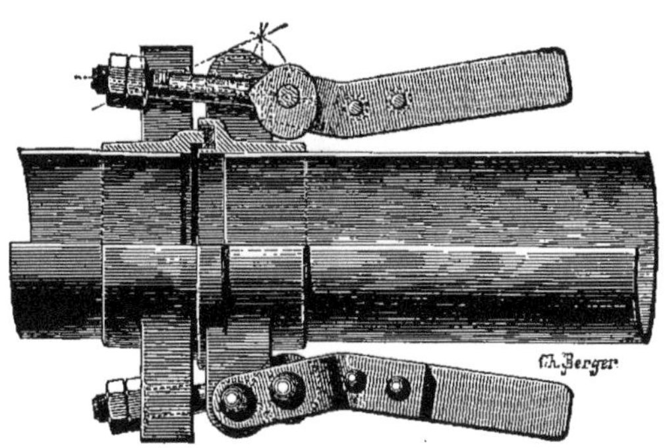

FIG. 140. — JOINT RAPIDE. — *(Montupet)*

Dans le système Hidien (fig. 137), le joint étanche est assuré au moyen d'un boudin B en caoutchouc maintenu entre les brides par une bague A. La bague A est alésée au diamètre de la conduite ; extérieurement elle est tronc-conique et porte une rainure d'attente demi-cylindrique destinée à recevoir le boudin de caoutchouc B qui prend la forme d'un coin sous l'action du serrage des brides ainsi que le représente la partie inférieure de la figure.

Lorsque la conduite doit être souvent démontée, au lieu d'employer des brides à boulons ordinaires comme celles représentées fig. 133 et 136, on leur substitue des brides munies de boulons à bascule (fig. 138 et 139). Les boulons sont articulés à l'une des brides et quelques tours de l'écrou assurent le serrage; les joints se font et se démontent rapidement ; les boulons ne sont pas exposés à se perdre.

On peut employer les tuyaux à *joints rapides* que représente la fig. 140. Le raccord mâle (de gauche) est serré contre la rondelle de caoutchouc du raccord femelle (de droite) par des boulons articulés. Les boulons, à écrou et contre-écrou, sont reliés à un petit levier monté lui-même à articulation sur l'oreille du bout femelle ; les écrous serrent sur des oreilles solidaires avec le bout mâle. Ce genre de joint supprime toutes les clefs : en rapprochant les deux leviers contre les tuyaux, on fait le joint ; pour desserrer, on écarte les deux leviers. La partie supérieure de la figure 140 indique, par un pointillé, le mouvement des boulons. Le serrage est réglé à la main à la mise en chantier par l'écrou et le contre-écrou.

III

LES APPAREILS DE REFOULEMENT

Les conduites flexibles des pompes locomobiles se terminent souvent par un coude métallique (fer galvanisé, fonte ou cuivre) lorsqu'il s'agit de remplir des réservoirs ou des tonneaux. La fig. 50 en donne une application à une pompe à purin, la fig. 53 à une pompe à vins. Pour arrêter le coude de refoulement et le maintenir en place, on le munit souvent d'une rondelle (fig. 141).

Lorsque le coude doit se continuer par une conduite flexible (cas des pompes fixes), il porte un raccord à vis ainsi que l'indique la fig. 60; sinon il est simple et uni (fig. 18).

Fig. 141. — Coude de refoulement. — *(Senet)*

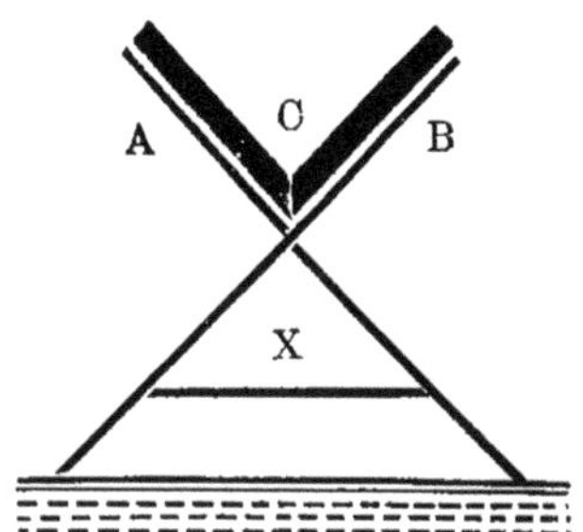

Fig. 142. — Coupe d'une dalle a section triangulaire

La conduite de refoulement, fixe ou mi-fixe, doit quelquefois écouler les eaux dans une dale ou rigole. La fig. 16 en représente une application ; une sorte de couloir en bois ou en tôle s'accroche dans une encoche placée à la partie supérieure du coude 9 de la fig. 15.

Les dalles trouvent de nombreuses applications pour l'arrosage des fumiers, des jardins maraichers, dans les submersions, épuisements, etc. On les construit souvent à la ferme avec deux planches A et B (fig. 142) formant un canal à section triangulaire C, qui repose de distance en distance sur des chevalets X.

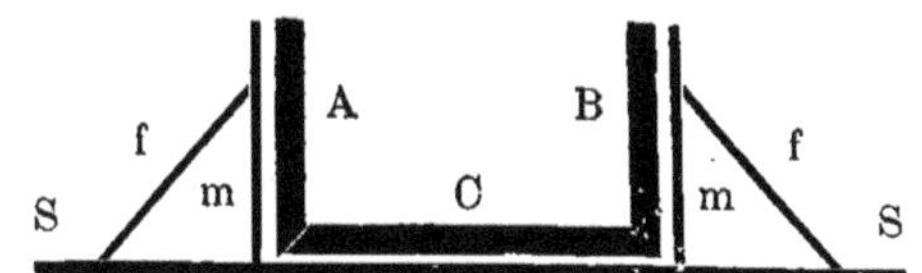

Fig. 143. — Coupe d'une dalle a section triangulaire

Pour les forts débits, on fait une rigole à section rectangulaire formée par des planches A, B et C (fig. 143), maintenues de place en place sur une semelle S par des montants *m* arcboutés par des contrefiches f.

Ces rigoles en bois (peuplier ou sapin) s'établissent à peu de frais ; les joints sont lutés avec de la terre glaise. On peut se servir d'un mastic composé de résine fondue avec un peu de suif et de cendre fine (ce mastic s'emploie à chaud). Pour assurer leur conservation, il est bon de peindre ces dalles avec du coaltar.

FIG. 144. — VUE EN LONG ET COUPE D'UNE DALLE DEMI CYLINDRIQUE EN TÔLE. — *(Dumont)*

Dans les chantiers de submersion ou d'épuisement, on fait usage de dalles en tôle que représente la fig. 145 (vue en long et en bout); ce système permet, avec la même quantité de métal (tôle galvanisée) d'avoir une rigole demi-cylindrique d'une section double que celle d'un tuyau. Ces dalles sont terminées par des brides qui s'assemblent avec des boulons après intercallation d'une demie-rondelle de caoutchouc ou de cuir.

FIG. 145. — LANCE D'ARROSAGE. — *(Senet)*

FIG. 146. — AJUTAGE POUR JET DROIT

FIG. 147. — AJUTAGE POUR JET EN PLUIE

FIG. 148. — AJUTAGE A PALETTE, POUR JET EN ÉVENTAIL.

Lorsque la pompe est destinée à l'arrosage on termine le tuyau de refoulement par une lance (fig. 145), sorte de tuyau tronc-conique généralement en cuivre, à l'extrémité duquel on visse des ajutages de formes différentes suivant le jet à obtenir.

Pour le jet droit, c'est un raccord percé d'un trou rond d'un diamètre plus petit que la conduite (fig. 146). Les figures 31, 32 34, 36, 45, 48, 49, 52, 56, 57, 58, 59, 85 en représentent diverses applications.

Pour les jets en pluie, la lame reçoit un raccord terminé en pomme d'arrosoir (fig. 147).

Pour les jets en éventail, le raccord est analogue au jet droit mais porte une palette trapéziforme placée obliquement par rapport à l'axe du jet (fig. 148) de façon que le jet, buttant contre la palette, s'étalle en une large nappe. A la place de la palette, certains raccords ont une plaque concave de petites dimensions (sys. Raveneau).

Pour les arrosages, on peut utiliser les tuyaux rigides, par bouts de 2 mètres, reliés entre eux par des raccords en cuir. Ce système déjà appliqué par M. Moll pour l'irrigation (1) des terres de Vaujours en 1860, est utilisé à Paris pour l'arrosage des voies publiques, des gazons des squares et dans les environs de la capitale, par les maraîchers, pour l'irrigation de leurs cultures. La fig. 149 donne une idée de cette disposition dans laquelle chaque tuyau est porté par un petit bâti en fonte monté sur deux roulettes.

Fig. 149. — Tuyaux a roulettes. — (*Senet*)

(1) Irrigations qui étaient faites avec des vidanges de Paris.

IV

DONNÉES PRATIQUES SUR L'INSTALLATION DES CONDUITES D'EAU

Enfin, pour terminer, nous donnerons quelques indications pratiques sur l'installation des conduites d'eau.

Ce qu'il y a d'important à fixer, dans l'établisssement d'un tuyau de conduite, c'est le diamètre.

Le débit d'un tuyau est en fonction de la vitesse moyenne d'écoulement du liquide et de la section du tuyau.

Si nous désignons par :

Q Le débit par seconde ;
V La vitesse d'écoulement par seconde ;
A La surface de la section transversale du tuyau.

le débit est donné par la relation :

$$(1)\ldots \quad Q = V.\ A$$

Si l'on connaît la vitesse pratique V que l'on veut donner à l'écoulement, de l'équation (1) on tire la valeur de la section A :

$$(2)\ldots \quad A = \frac{Q}{V}$$

en général, les conduites d'eau sont à section circulaire, si D est le diamètre intérieur de la conduite, la section A est donnée par

$$\frac{3{,}14\ D^2}{4}$$

et l'équation (2) devient

$$(3)\ldots \quad D = \sqrt[3]{\frac{4\ Q}{3{,}14\ V}}$$

qui donne la valeur du diamètre D de la conduite en fonction du débit Q et de la vitesse pratique d'écoulement V.

Pour les pompes, dont le tuyau décharge directement dans un réservoir, une citerne, etc., la vitesse pratique ne dépasse pas 3 mètres par seconde.

Pour les canalisations qui partent d'un réservoir et qui se branchent dans plusieurs directions, il ne convient pas de dépasser 2 mètres par seconde, surtout si les robinets de prise d'eau sont susceptibles de se fermer brusquement ; il en résulterait un coup de bélier, sur lequel nous avons insisté lors de la description du principe du bélier hydraulique (fig. 105, page 100), qui aurait pour effet de détériorer les joints et même de briser la canalisation si cette dernière n'avait pas une épaisseur suffisante.

Dans le cas de ces canalisations de distribution d'eau (de ferme, d'usine, etc.), lorsque l'on veut économiser la charge d'eau, c'est-à-dire que l'on ne tient pas à mettre le réservoir trop élevé (ce qui conduit à dépenser plus de travail mécanique pour y monter l'eau), on limite la vitesse pratique d'écoulement à quelques centimètres par seconde pour les petites conduites et à 0,50 pour les grandes.

Il faut éviter d'abaisser trop la vitesse lorsque les eaux sont susceptibles de laisser des dépôts qui obstrueraient la canalisation.

Lorsque les eaux charrient des

Troubles légers, la vitesse doit être au moins de		0m08	par seconde
Matières argileuses en suspension.	»	0 15 à 0 16	»
Sables	»	0 30	»
Graviers	»	0 60	»
Cailloux	»	0 62	»

Nous avons évalué, dans tout l'ouvrage, le débit en litres ou en mètres cubes par seconde ; on l'estime quelque fois en *pouces d'eau* ou *pouces de fontainiers*. Cette ancienne mesure correspond à un débit de

0 litres 222166 par seconde
13 » 33 par minute
Ou 19 mètres cubes 1953 par 24 heures

La *ligne d'eau* est la 144e partie du pouce d'eau et correspond à 133 litres $\frac{1}{3}$ par 24 heures ; le *point d'eau* est la 144e partie de la ligne d'eau.

La vitesse V que nous avons désignée sous le nom de vitesse pratique d'écoulement ne correspond pas à celle que l'on détermine théoriquement d'après les lois de la chute des corps :

$$V' = 4{,}42918 \sqrt{h}$$

dans laquelle h représente la hauteur de chute. En pratique, par suite des frottements de l'eau dans le tuyau, des changements brusques de direction des filets liquides, des étranglements dus aux joints des tuyaux, etc., etc., la vitesse théorique V' est réduite dans une certaine mesure. Cette réduction, qui échappe à l'analyse mathématique et ne peut se déterminer qu'à la suite de recherches expérimentales, correspond à ce qu'on une *perte de charge*, c'est-à-dire à une réduction dans la hauteur de chute (1).

Pour éviter les tâtonnements dans les calculs, Claudel a établi une table qui pour différents diamètres les dépenses et les charges par mètre de longueur de c correspondant à différentes vitesses moyennes de l'eau dans chaque conduite.

Le lecteur trouvera à la page suivante un tableau résumé des tables de Claudel.

La table précédente peut servir à résoudre plusieurs problèmes ; — en voici q exemples :

Soit une pompe établie pour élever 10 litres d'eau par seconde à 5 mètres de dans une conduite de 0^{m}07 de diamètre et de 200^{m} de longueur.

La charge dans le tuyau de 0^{m}07 de diamètre, correspondant à la dépense de d'eau est, d'après la table, de 0^{m}137 par mètre ; la charge due aux frottements dans la conduite de 200 mètres est donc de 0,137 × 200 = 27^{m}400

La charge d'élévation est de 5

La charge totale est de . . . . 32^{m}40

Le travail mécanique total (théorique) (2) par l'élevation de l'eau serait de

10 k. × 32^{m}40 = 324 kilogrammètres par seconde

Si les tuyaux de conduite ont 0^{m}12 de diamètre, (au lieu de 0,07), la charge pa d'après la table, serait de 0^{m}009, soit 1^{m}800 pour les 200 mètres de longueur de la c

La charge totale, serait alors :

Charge de la conduite. . .	1 m. 800
Charge d'élévation	5
Charge totale.	6 m. 800

et le travail mécanique s'abaisserait à

10 k. × 6 m. 800 = 68 kilogrammètres par seconde

On voit par cet exemple toute l'importance que présente la section des tuyau travail mécanique dépensé, parce que dans un cas il nous faut 324 kilogramn 68 seulement dans un autre.

Ajoutons que plus on augmente le diamètre de la conduite, plus on diminue de charge correspondante, mais on augmente le prix de revient de l'installation une limite à laquelle on se fixe en pratique et que l'on détermine par tâton successifs en calculant le prix de revient du mètre cube d'eau élevé et de revient du service (amortissement compris) de la canalisation ; le premier d'autant plus faible que la conduite a un fort diamètre et inversement pour le se

(1) Cette réduction est variable suivant la nature de la conduite, la surface de la sec la vitesse d'écoulement, c'est-à-dire de la hauteur de chute.

(2) Sans faire intervenir ici le coefficient de la pompe, c'est-à-dire son rendement.

TABLE RELATIVE A L'ETABLISSEMENT

DES

TUYAUX DE CONDUITE D'EAU

VITESSES MOYENNES D'ÉCOULEMENT	Diamètre de la conduite $0^{m}05$ Section de la conduite $0^{m}0019635$		0.07 $0^{m}00384846$		0.10 $0^{m}007854$		0.12 $0^{m}01130976$		0.15 $0^{m}0176715$		0.20 $0^{m}031416$		0.25 $0^{m}0490875$		0.30 $0^{m}070686$	
	Dépenses en litres par seconde	Charges en millimètres par mètre de conduite	Dépenses en litres par seconde	Charges en millimètres par mètre de conduite	Dépenses en litres par seconde	Charges en millimètres par mètre de conduite	Dépenses en litres par seconde	Charges en millimètres par mètre de conduite	Dépenses en litres par seconde	Charges en millimètres par mètre de conduite	Dépenses en litres par seconde	Charges en millimètres par mètre de conduite	Dépenses en litres par seconde	Charges en millimètres par mètre de conduite	Dépenses en litres par seconde	Charges en millimètres par mètre de conduite
0.01	0.0196	0.016	0.0385	0.0119	0.0785	0.0083	0.1131	0.0069	0.176	0.005	0.314	0.004	0.490	0.003	0.706	0.002
0.10	0.1963	0.41	0.3848	0.298	0.785	0.208	1.131	0.173	1.76	0.139	3.14	0.104	4.90	0.083	7.06	0.069
0.20	0.392	1.39	0.769	0.994	1.570	0.695	2.262	0.58	3.53	0.463	6.28	0.347	9.81	0.278	14.13	0.231
0.30	0.589	2.92	1.154	2.088	2.356	1.461	3.392	1.22	5.30	0.974	9.42	0.73	14.72	0.58	21.20	0.48
0.40	0.785	5.01	1.539	3.580	3.141	2.506	4.523	2.08	7.06	1.67	12.56	1.25	19.63	1.00	28.27	0.83
0.50	0.981	7.65	1.924	5.470	3.927	3.829	5.654	3.19	8.83	2.55	15.70	1.91	24.54	1.53	35.34	1.27
0.60	1.178	10.86	2.309	7.758	4.712	5.430	6.785	4.52	10.60	3.62	18.84	2.71	29.45	2.17	42.41	1.81
0.70	1.374	14.62	2.693	10.444	5.497	7.311	7.916	6.09	12.37	4.87	21.99	3.65	34.36	2.92	49.48	2.43
0.80	1.570	18.94	3.078	13.528	6.283	9.470	9.047	7.89	14.13	6.31	25.13	4.73	39.27	3.78	56.54	3.15
0.90	1.767	23.81	3.463	17.010	7.068	11.907	10.178	9.92	15.90	7.93	28.27	5.95	44.17	4.76	63.61	3.96
1.00	1.963	29.24	3.848	20.890	7.854	14.623	11.30	12.18	17.67	9.74	31.41	7.31	49.08	5.84	70.68	4.87
1.20	2.356	41.78	4.618	29.845	9.424	20.891	13.57	17.40	21.20	13.92	37.69	10.44	58.90	8.35	84.82	6.96
1.40	2.748	56.54	5.387	40.391	10.995	28.274	15.83	23.56	24.74	18.84	43.98	14.13	68.72	11.30	98.96	9.42
1.60	3.141	73.54	6.157	52.529	12.556	36.770	18.09	30.64	28.27	24.51	50.26	18.38	78.54	14.70	113.09	12.25
1.80	3.534	92.76	6.927	66.260	14.137	46.382	20.35	38.65	31.80	30.92	56.54	23.19	88.35	18.55	127.2	15.46
2.00	3.927	114.21	7.696	81.582	15.708	57.107	22.61	47.58	35.34	38.07	62.83	28.55	98.17	22.84	141.3	19.03
2.20	4.319	137.89	8.466	98.497	17.278	68.948	24.88	57.45	38.87	45.96	69.11	34.47	107.9	27.57	155.5	22.98
2.40	4.712	163.80	9.236	117.003	18.849	81.902	27.14	68.25	42.41	54.60	75.39	40.95	117.8	32.76	169.6	27.30
2.60	5.105	191.94	10.006	137.102	20.420	95.971	29.40	79.97	45.94	63.98	81.68	47.98	127.6	38.38	183.7	31.99
2.80	5.497	222.31	10 775	158.793	21.991	111.155	31.66	92.62	49.48	74.10	87.96	55.57	137.4	44.46	197.9	37.05
3.00	5.890	254.90	11.545	182.075	23.562	127.453	33.92	106.21	53.01	84.96	94.24	63.72	147.2	50.98	212.0	42.48

Citons un second exemple :

Soit à déterminer le diamètre d'une conduite d'eau qui part d'un réservoir ; la conduite a 200 mètres de longueur et doit débiter 5 litres par seconde ; la charge totale est de 5 mètres, c'est-à-dire 0 m. 025 par mètre.

On cherche quel est le plus petit diamètre qui est capable de dépenser 5 litres par seconde sans que la charge dépasse 0,025 par mètre.

On trouve dans la table les chiffres suivants pour une charge de 0 m. 025 par mètre (ou environ cette charge), que

le tuyau de 0,05 débite 1 lit. 7 à 1 lit. 8
» 0,07 » 4 2
» 0,10 » 10 2

Le diamètre doit être un peu plus grand que 0,07. Il convient de le fixer à 0,08 pour lequel, avec une charge de 0,025 le débit, est de 5 litres 8 environ.

En 1857, l'inspecteur des Ponts-et-Chaussées Darcy fit 198 expériences en vue de vérifier les chiffres donnés par Prony qui ont servi de base à l'établissement de la table précédente ; de ses recherches, Darcy a conclu :

1° Les conduites en fer enduites de bitume donnent des débits qui sont à ceux fournis par Prony dans le rapport 4 à 3.

2° Les conduites en fonte qui ont des dépôts légers, donnent des débits bien inférieurs à ceux fournis par Prony ; après nettoyage les débits sont les mêmes.

3° Les débits pratiques sont identiques à ceux de Prony pour les conduites en plomb de 0 m. 014, 0 m. 027 et 0,041 de diamètre.

Nous n'avons jusqu'à présent considéré que les conduites rectilignes ; chaque coude formé par la conduite, correspond à une perte de charge que Navier a étudiée en discutant les résultats obtenus par Dubuat.

D'après les recherches de Navier, pour obtenir une perte de charge très faible il faut

pour les diamètres de.	0m05 et 0m06	0m08 et 0m10	0m15	0m20	0m2
adopter les rayons moyens de courbure de.	0m45	0m50	0m75	1m00	1m5

Il faut donc éviter de courber brusquement les conduites d'eau.

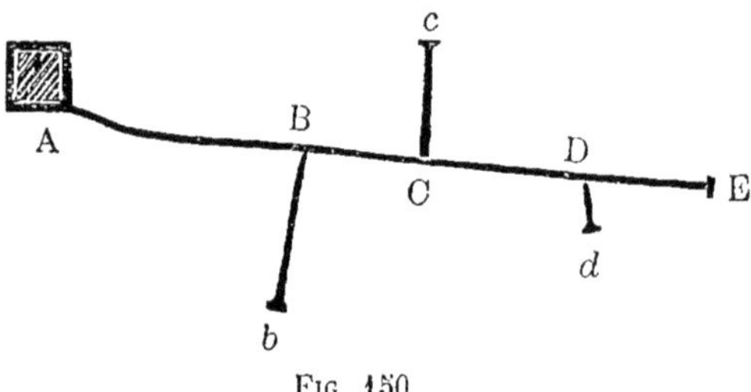

Fig. 150

Nous avions cité précédemment, comme exemple, une conduite unique débouchant d'un réservoir le problème est souvent plus compliqué en pratique et le cas le plus général de l'installation hydraulique d'une exploitation agricole ou d'une usine revient à celui-ci

D'un réservoir (ou d'une machine élévatoire) située en A (fig. 150) part une conduite maitresse de distribution re résentée par A E ; la conduite alimente sur son parcours différents robinets *b c d* E à coulement continu ou intermittent. Déterminer les diamètres des conduites.

Si les robinets *b c d* E coulent consécutivement, le problème devient extrêmement imple ; il suffit de calculer la charge sur chaque écoulement et prendre la plus élevée omme point de départ pour fixer le diamètre de la canalisation qui peut être constant ans toute son étendue.

Si non, si plusieurs robinets sont susceptibles de couler simultanément, le problème e complique :

On procède par tatonnements successifs. Généralement on donne à la conduite maîtresse, de A en D un diamètre uniforme et on calcule de telle sorte que la charge aux écoulements *b c d* soit de 0,10, 0,20 ou 0,30 au-dessus de ces orifices.

Il faut que la conduite maîtresse puisse suffire au débit de tous les orifices coulant ensemble et on détermine la perte de charge de A en B (perte de charge par mètre, multipliée par la distance A B); on retranche cette perte de charge de la charge théorique du point B (différence de niveau entre le point B et le niveau de l'eau dans le réservoir A) ce qui donne la *perte de charge réelle* en B. Cette dernière doit être suffisante pour élever l'eau, dans le tube B *b* à 0,10, 0,20 ou 0,30 au-dessus de l'orifice *b*. Et on continue ainsi de suite de B en C, de C en D, etc., etc., en remarquant que de B en C le volume débité par la conduite maitresse A C est réduit du débit de l'orifice *b*.

Lorsqu'on a la perte de charge de B en C, on l'ajoute à celle trouvée par A B, ce qui donne la perte totale de A en C ; cette perte totale retranchée de la charge théorique en C donnent la charge réelle en ce point ; cette charge doit être suffisante pour produire l'écoulement dans le branchement C *c*.

On procède ainsi de suite jusqu'en E, et si l'on constate qu'en D la charge n'est plus suffisante, on essaye un diamètre plus grand ; réciproquement si l'on avait un excès de pression, on essayerait un diamètre plus petit.

Supposons, pour fixer les idées, les chiffres suivants comme données du problème ;

Débit par seconde du robinet . .	*b*. . . .	2 litres
	c. . . .	3 »
	d. . . .	10 »
	E. . . .	4 »

Les charges théoriques sur les orifices sont les suivantes :

en B *b*. . . .	0m40
en C *c*. . . .	0 80
en D *d*. . . .	1 00
en D E. . . .	1 80

Les distances sont.	A B. . . .	20 mètres
	A C. . . .	25 »
	A D. . . .	28 »
	A E. . . .	35 »

La longueurs des branchements	B b. . . .	3 mètres
	C c. . . .	20 »
	D d. . . .	10 »
Les surcharges sur les orifices .	b. . . .	0^m10
	c. . . .	0 30
	d. . . .	0 30
	E. . . .	0 50

Le débit de la conduite A D est de (en supposant que tous les orifices soient susceptibles de couler simultanément, maximum du problème) :

$$2 + 3 + 10 + 4 = 19 \text{ litres}$$

Si nous fixons le diamètre de la conduite maîtresse à 0^m15, la charge correspondante, pour un débit de 19 litres est comprise, d'après la table, entre 0,009 et 0,013, soit 0,011 environ.

La perte de charge de A en B est donc de. . .	$20^m \times 0^m011 = 0^m22$
La charge théorique en B.	0^m40
La charge réelle en B.	$0^m40 - 0^m22 = 0^m18$

S'il faut par exemple que nous ayons 0^m10 de surcharge au-dessus de l'orifice considéré, la charge réelle en b serait suffisante avec un tuyau B b de 0^m04 de diamètre et 3 mètres de longueur (ce tuyau pour un débit de 2 litres demande une charge de 0,029 par mètre.) Si le tuyau B b avait plus de 3 mètres de longueur, on serait obligé de forcer le diamètre de la conduite de A en B.

De B en C la longueur est de. . . .	$25 - 20 = 5$ mètres
Le débit de	$3 + 10 + 4 = 17$ litres

Pour un diamètre de 0^m15 et un débit de 17 litres, la charge par mètre est d'environ 0,009, soit pour de B en C :

Perte de charge de B en C.	$5^m00 \times 0^m009 = 0^m045$
Perte de charge de A en B.	0^m22
Perte de charge de A en C.	$0^m045 + 0^m22 = 0^m265$
Charge théorique C.	0^m80
Charge réelle C.	$0^m80 - 0^m265 = 0^m535$

Le robinet c débitant 3 litres, la conduite C c ayant 20 mètres de longueur, la surcharge sur le robinet c devant être de 0^m30 on a :

Charge de la conduite C c.	$0^m535 - 0^m30 = 0^m235$
Charge nécessaire par mètre.	$\frac{0^m235}{20^m} = 0^m01175$

Il faut que la conduite C *c* puisse débiter 3 litres sous une charge par mètre de 0^{m}01175, iffre correspondant à un tuyau de 0^{m}07 de diamètre environ (d'après la table, ce tuyau, ec une charge de 0,013 donne un débit de 3 lit. 07).

De C en D la longueur est. . . . . 28 — 25 = 3 mètres
Le débit de . . . . 10 + 4 = 14 litres

Pour un débit de 14 litres, la conduite de 0^{m}15 exige, par mètre une charge de 0^{m}006, it pour de C en D :

Perte de charge. . . . . 3 × 0^{m}006 = 0^{m}018
Perte de charge de A en C. . . . . . 0^{m}265
Perte de charge totale de A en D. . . . 0^{m}265 + 0^{m}018 = 0^{m}283
Charge théorique en D. . . . . . . 1^{m}00
Charge réelle en D. . . . . . . , . . . 1^{m}000 — 0^{m}283 = 0^{m}717

Le robinet *d* débitant 10 litres avec un excédent de 0^{m}30, la conduite D *d* ne doit emander qu'une charge totale de 0,717 — 0,30 = 0,417.
Si elle a 10 mètres de longueur, la charge par mètre est de

$$\frac{0,417}{10} = 0^{m}0417$$

Avec une charge de 0^{m}0417, la conduite de 0^{m}10 de diamètre, d'après la table, donne un ébit de 12 à 14 litres (13 litres environ). Ce chiffre est un peu plus élevé que celui écessaire, mais on le conservera eu égard aux pertes de charges dues aux coudes et ue nous avons négligées dans le calcul.
Enfin de D en E la longueur est de . . . . 35 — 28 = 7 mètres
Le débit en E de . . . . 4 litres
La perte de charge de A en D est de. . . . . 0^{m}283
La surcharge demandée sur l'orifice E étant fixée à 0 50
La charge théorique de A en D étant de 1 80
Il reste pour la charge réelle de D en E 1^{m}80 — (0,283 + 0,50) = 1^{m}017
La conduite D E ayant une longueur de 7 mètres, la perte de charge par mètre est de

$$\frac{1,017}{7} = 0^{m}14528$$

ii, pour un débit de 4 litres correspond à un tuyau de 0^{m}05 de diamètre, (d'après la table, la charge de 0^m137 donne un débit de 4 litres 3 et celle de 0^m163, un débit de litres 7).

Ainsi dans les conditions où nous nous sommes placés ; la conduite

	A D aurait	0^m15 de diamètre
Le branchement	B *b*	0 05 »
Id.	C *c*	0 07 »
Id.	D *d*	0 10 »
Id.	D E	0 05 »

FIN

TABLE DES MATIÈRES

TROISIÈME CATÉGORIE

Machines élévatoires à vapeur à action directe

QUATRIÈME CATÉGORIE

Machines élévatoires mues par l'eau

ANNEXE

Accessoires des machines élévatoires

Caen. — Imp. E. ADELINE, rue Froide 16

www.ingramcontent.com/pod-product-compliance
Ingram Content Group UK Ltd.
Pitfield, Milton Keynes, MK11 3LW, UK
UKHW020148200726
13856UKWH00003B/889

9 782013 416962